钒钛文化普及读物

Fan-Tai Wenhua Puji Duwu

汪大喹　钟玉泉　　著

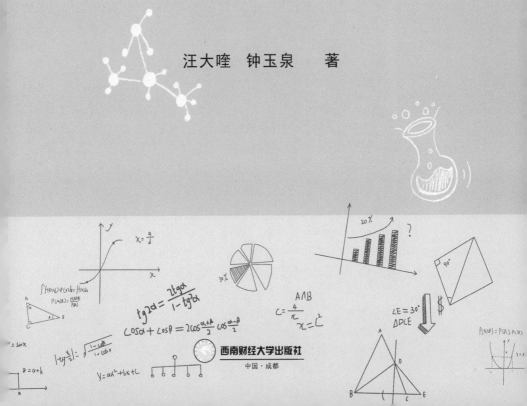

西南财经大学出版社

中国·成都

图书在版编目(CIP)数据

钒钛文化普及读物/汪大喹,钟玉泉著.—成都:西南财经大学出版社,2020.12

ISBN 978-7-5504-4349-5

Ⅰ.①钒… Ⅱ.①汪…②钟… Ⅲ.①钒—普及读物②钛—普及读物 Ⅳ.①O614.51-49②O614.41-49

中国版本图书馆 CIP 数据核字(2020)第 013187 号

钒钛文化普及读物

汪大喹 钟玉泉 著

策划编辑:李邓超
责任编辑:雷静
封面设计:张姗姗
责任印制:朱曼丽

出版发行	西南财经大学出版社(四川省成都市光华村街 55 号)
网　　址	http://www.bookcj.com
电子邮件	bookcj@foxmail.com
邮政编码	610074
电　　话	028-87353785
照　　排	四川胜翔数码印务设计有限公司
印　　刷	四川五洲彩印有限责任公司
成品尺寸	148mm×210mm
印　　张	4
字　　数	81 千字
版　　次	2020 年 12 月第 1 版
印　　次	2020 年 12 月第 1 次印刷
书　　号	ISBN 978-7-5504-4349-5
定　　价	28.00 元

前言

　　本书是攀枝花市科普项目"科普产品开发与主题科普宣传"（项目编号：2017CY-k-7）和四川省钒钛文化普及基地建设的部分成果。

　　文化是一个国家、一个民族的灵魂。在几千年的历史中，中华民族培育和发展了独具特色、博大精深的中国特色社会主义文化，其中既有中华民族五千多年文明历史所孕育的中华优秀传统文化，又有党领导人民在革命、建设、改革中创造的革命文化和社会主义先进文化，这是激励中华民族克服困难、生生不息的强大精神支撑。钒钛文化正是在中国社会主义建设过程中形成的社会主义先进文化之一。

　　文化是需要创造的。三线建设期间，攀枝花市作为重要的钢铁工业基地，成为三线建设的重要城市，在开发利用钒钛磁铁矿的同时，形成了以"艰苦创业、无私奉献、开拓进取、团结协作、科学求实"为核心的攀枝花精神，这是钒钛文化的核心内容，也是社会主义先进文化的重要组成部分。

为弘扬社会主义先进文化，增强中华民族的文化自信，我们编写了这本《钒钛文化普及读物》，目的是通过科普宣传，使青少年了解中国特色社会主义文化内涵，不断提升文化自觉，增强文化自信，实现文化自强，同时配合学校钒钛文化普及基地建设，讲好钒钛开发故事，述说三线情怀，弘扬三线文化，承传三线精神。

本书由汪大喧、钟玉泉统稿，周萍、张祺、汪杰、郭文梅参与了相关部分的编写。在编写本读物的过程中，编者借鉴了很多专家的研究成果，对于参考文献，我们虽然作了严格的标注，但由于时间仓促，仍恐挂一漏万，特此表达谢意。

编者

2020 年 10 月

目录

第一部分　钒资源概况

钒是什么？

钒：元素符号 V，银白色金属，在元素周期表中属 VB 族，原子序数 23，原子量 50.941 4，体心立方晶体，常见化合价为+5、+4、+3、+2。钒的熔点很高，常与铌、钽、钨、钼并称为难熔金属，有延展性，质坚硬，无磁性。其具有耐盐酸和硫酸的性能，并且在耐气、耐盐、耐水腐蚀方面的性能要比大多数不锈钢好。室温下致密状态的金属钒较稳定，不与空气、水和碱作用。

钒被称为"现代工业的味精"，在钢铁工业，化工、航空航天等领域应用广泛。其中85%应用于钢铁工业，在钢中加入钒，可以改善钢的耐磨性、强度、硬度、延展性等性能，加入 0.1% 的钒，可提高 10%～20% 的钢强度，减轻 15%～25% 的结构重量，降低 8%～10% 的成本。

钒虽然有众多优点，但在生产过程中容易造成环境污染。

炼钒过程中会排放大量的有毒、有害废气和废水。废气中含有氯化氢、二氧化硫和硫酸，对植被和农作物会产生毁灭性影响；废水中含有六价铬、镉、砷等一类污染物，对人畜危害极大，还易形成酸雨。因此，我们在钒的开发过程中要实施综合利用，既保证资源开发，又注重环境保护。

钒的发现历程

1801年，墨西哥矿物学家德尔·里奥在研究铅矿时，发现了一种化学性质与铬、铀相似的新元素，其盐类在酸中加热时呈红色，故命名为红色素，实际上就是钒，但是当时有人认为它是被污染的元素铬，因此未被公认。

1830年，瑞典化学家尼尔斯·格·塞夫斯特姆，在研究斯马兰矿区的铁矿时，用酸溶解铁，在残渣中发现了钒。由于其化合物具有绚丽的颜色，十分漂亮，所以就用古希腊神话中一位叫凡娜迪丝（Vanadis）的美丽女神的名字给这种新元素起名，叫"Vanadium"。同年，德国化学家沃勒尔证明，Vanadium与早期德尔·里奥发现的红色元素是同一种元素——钒。

1867年，英国化学家亨利·罗斯科用氢气还原二氯化钒，第一次制得金属钒的粉末，并根据其性质将它列入元素周期表第五族。

关于发现钒的传说故事

在很久以前，在遥远的北方住着一位美丽的女神，名叫凡娜迪丝。有一天，一位远方客人来敲门，女神正悠闲地坐在圈椅上，她想：他要是再敲一下，我就去开门。然而，敲门声停止了，客人走了。凡娜迪丝想知道这个人是谁，怎么这样缺乏自信？她打开窗户向外望去，哦，原来是那个名叫沃勒尔的人，他正走出她的院子。几天后，女神再次听到有人敲门，这次的敲门声持续而坚定，直到女神开门为止。这是个年轻英俊的男子，名叫塞夫斯特姆。女神很快和他相爱，并生下了儿子——钒。这个故事虽然生动，却并不十分确切。其实，从钒的发现过程来看，第一次敲门的人应该是墨西哥化学家里奥，第二次才是德国化学家沃勒尔。他们虽然发现了新元素，但不能证实自己的发现，甚至误认为这种元素就是"铬"，因此与钒失之交臂。而塞夫斯特姆通过锲而不舍的努力，才从一种铁矿石中得到了这种新元素，并以凡娜迪丝女神（Vanadis）之名将其命名为"钒"。

金属钒的物理性质

钒是一种银灰色的金属，熔点为 $1\,919℃ \pm 2℃$，属于高熔点稀有金属。它的沸点为 $3\,380℃$，密度为 $6.11g/cm^3$。纯钒具有延展性，但是若含有少量的杂质，尤其是氮、氧、氢等，就能显著地降低其可塑性。钒质地坚硬，无磁性。

金属钒的化学性质

常温下钒的化学性质较稳定，但在高温下能与碳、硅、氮、氧、硫、氯、溴等大部分非金属元素生成化合物。

钒具有较好的耐腐蚀性能，能耐淡水和海水的侵蚀，亦能耐氢氟酸以外的非氧化性酸（如盐酸、稀硫酸）和碱溶液的侵蚀，但能被氧化性酸（浓硫酸、浓氯酸、硝酸和王水）溶解。

钒的主要用途

金属钒在有色合金中主要用于生产钒钛合金，如 Ti-6Al-4V、Ti-6Al-6V-2Sn 和 Ti-8Al-1V-Mo 等。Ti-6Al-4V 合金是制造飞机和火箭的优良高温结构材料，在美国极受重视，产量占钛基钒合金的一半以上。金属钒还可用于磁性材料、铸铁、硬质合金、超导材料及核反应堆材料等的生产。

钒的氧化物

钒的氧化物主要有：三氧化二钒、二氧化钒、五氧化二钒。

三氧化二钒（V_2O_3）

化学性质：V_2O_3在空气中慢慢吸收氧可转变为四氧化二钒；在空气中加热猛烈燃烧，为强还原剂。

主要用途：V_2O_3是生产高钒铁、钒氮合金、氮化钒铁的重要原料。V_2O_3在160K时发生一级相变，电阻率变化达7个数量级；掺入少量Cr等元素时，相变温度可移动至400K。V_2O_3材料相变时伴随着电、光、磁性能的突变，是一种潜在的、具有广泛应用前景的热敏材料。

二氧化钒（VO_2）

化学性质：VO_2在干的氢气流中加热至赤热时被还原成三氧化二钒，也可被空气或硝酸氧化生成五氧化二钒，溶于碱中生成亚钒酸盐。

主要用途：VO_2是一种具有相变性质的金属氧化物，其相变温度为68℃，相变前后结构的变化导致其光学、电学性质发生可逆转变；人们根据这一特性将其应用于制备智能控温薄膜、热敏电阻材料、红外探测仪和热成像仪的热感元件、光存储材料。

在钒的氧化物中，由于二氧化钒的相变温度相对较为接近室温，所以一直是被研究的重点对象。然而二氧化钒单晶有一个非常重大的缺陷，即在其发生相变的时候往往会发生碎裂；而薄膜形态的二氧化钒没有此类缺陷，反复的相变过程也不会使其遭到破坏。

五氧化二钒（V_2O_5）

化学性质：V_2O_5 是两性氧化物，但以酸性为主，700℃以上显著挥发，700℃～1 125℃时分解为氧和四氧化二钒，这一特性使它成为许多有机反应和无机反应的催化剂；V_2O_5 为强氧化剂，易被还原成各种低价氧化物。

主要用途：V_2O_5 广泛用于冶金、化工等行业，主要用于冶炼钒铁；用作合金添加剂，这种用途占五氧化二钒总消耗量的80%以上，也可用作有机化工的催化剂，即触媒，约占总量的10%，另外10%用作无机化学品、化学试剂、搪瓷和磁性材料等。

钒合金

钒铁：钒铁是钒和铁组成的铁合金，钒和铁之间可形成连续的固溶体，其最低共熔点为1 468℃（含 V 31%）。钒铁主要在炼钢中用作合金添加剂，作为钢铁工业的合金添加剂，改善钢组织结构、热锻性、强度、耐磨性、塑性和焊接性。高钒钒铁还用作有色合金的添加剂。常用的钒铁有含钒40%、60%和80%三种。

氮化钒铁：氮化钒铁是一种新型钒氮合金添加剂，性能优于钒铁和氮化钒，可广泛应用于高强度螺纹钢筋、高强度管线钢、高强度型钢（H型钢、工字钢、槽钢、角钢）、薄板坯连铸连轧高强度钢带、非调质钢、高速工具钢等产品。氮化钒铁因其比重可达 $5.0g/cm^3$ 以上，比添加氮化钒（比重 $3.5g/cm^3$ 左右）具有更高的吸收率。氮化钒铁的回收率可达95%以上，平均比钒氮合金吸收率高3%~5%，性能更加稳定，具有更高的细化晶粒，也有提升强度、韧性、延展性等功能。氮化钒铁 V/N 为4.0左右，是比较理想的钒氮合金添加剂。大量实际应用数据表明，在达到相同强度、韧性、延展性及抗热疲劳性等综合机械性能下，添加氮化钒铁比添加其他钒合金钢材的力学性能波动值小、力学性能最小值高，也比加其他钒铁节约30%~40%的钒，比加钒氮合金节约10%以上的钒，从而降低了钢材成本，因此受到用户广泛欢迎。添加氮化钒铁在冶炼、连铸、轧制工艺上与普碳钢基本相同，操作简单，易于控制，并可消除钢材的应变时效现象。

钒铝合金：钒铝合金是生产钛合金如 Ti-6Al-4V 时使用的钒添加剂。钒铝合金根据含钒量分为50%、65%和85%三级，余量为铝。因是真空冶炼用的添加剂，其常被冠以"VQ"（真空质量）标志。钒铝合金的气体含量低，其他杂质如铁（Fe）、硅（Si）、碳（C）、硼（B）等要满足钛合金的要求。生产钛铝合金用的五氧化二钒是将工业产品再提纯，使杂质含量达到规定范围的高纯五氧化二钒，铝也要用高纯度铝。生产场地要保持洁净，避免杂质污染。钒铝合金外观是呈银灰色金属光泽的块状。随着合金中钒含量的增加，其金属光泽增强，硬度增大，氧含量提高。钒含量>85%时，产品不易破碎，长期存放表面易产生氧化膜。VAl55~VAl65牌号粒度范围为0.25mm~50.0mm，VAl75~VAl85牌号粒度范围为1.0mm~100.0mm。钒铝合金为中间合金，主要作为制作钛合金、高温合金的中间合金及某些特殊合金的元素添加剂。

钒铝合金是一种广泛用于航空航天领域的高级合金材料，具有很高的硬度、弹性，耐海水、轻盈，用来制造水上飞机和水上滑翔机。世界上只有美国和德国等少数国家才实现了对其的工业化生产。攀钢科技人员在开发钒铝合金的过程中，突破了国外的生产工艺和分析检测，通过大量的试验研究，形成了完备、精密度好、检测范围宽、简便快速和易于实际操作的钒铝合金化学成分的分析测试方法规程，能够精确地测定出钒铝合金中主体元素钒、铝及碳、硫、硅、锰等10多种微量杂质元素，很好地满足了工艺研究、生产和产品质量控制的需要。攀钢钢研院和攀宏公司应用这一研究成果，已经成功地冶炼出化学成分达到德国和美国技术标准且成本更低的产品，正在向着产业化的方向推进。

钒的提炼

世界上提炼钒的方法大致分为两类：一类是湿法提钒，一类是火法提钒，用得最多的是火法提钒。湿法提钒是从含钒磁铁矿石中直接提取钒，火法提钒是将含钒磁铁矿通过火法冶金得到含钒铁水，再经氧化得到含钒炉渣，富集后成为制造钒铁合金的原料。火法提钒又分为摇包提钒、转炉提钒、雾化提钒三种技术。

钒的毒性

对环境的危害：钒在天然水中的浓度很低，一般河水中为 0.01ppb ~ 20ppb，平均为 1ppb。海水含钒量为 0.9ppb ~ 2.5ppb。虽然水体中可溶性的钒含量很低，但是水中的悬浮物含钒量是很高的。悬浮物沉积导致水中的钒向底质迁移，并使水体得到净化。土壤中的钒主要以 VO^{3-} 阴离子状态存在，土壤的氧化性越高、碱性越大，钒越易形成 VO^{3-} 离子。当土壤的酸度提高时，VO^{3-} 离子易转变成多钒酸根复合阴离子，它们都容易被黏土和土壤胶体及腐殖质固定而失去活性。钒在土壤中的迁移性较弱。

对人体的危害：钒作为一种微量元素存在于所有的动植物的组织中。钒是人体必需的微量元素之一，对人体的正常代谢有促进作用，但过量的钒对人体是有毒的。

钒及其化合物通常具有毒性，毒性随化合物价态升高而增大，其中五价钒（V）的化合物毒性最大。一般从事钒工艺生产的工作人员，并未从他们身上发现致癌和致畸变的记载。

钒中毒的临床表现

呼吸系统：喉部刺激，顽固的干咳，弥漫的双肺罗音和支气管痉挛；引起鼻干、鼻出血、咳嗽、咯黏痰或血痰、咽痒、咽喉痛、声嘶、绿舌、劳动时呼吸困难、胸闷、气短及喘息等症状；会引起呼吸系统的慢性职业病。除化学作用外，钒中毒还会造成有害的物理作用，会引起尘肺，有时并发肺结核病。

眼症状：眼结膜充血，分泌物增多，眼内异物及视物不清，患眼结膜炎等。

神经系统：头昏、失眠、记忆力减退、倦怠乏力、下肢活动不灵、手震颤、心悸、精神失常等。

皮肤症状：出现皮肤瘙痒，过敏及职业性皮炎、丘疹、湿疹等。

钒的应用领域

钢铁行业：85%左右的金属钒是以钒铁和钒氮合金的形式被添加于钢铁生产中的，以增强钢的强度、韧性、延展性和耐热性。含钒的高强度合金钢广泛应用于输油（气）管道、建筑、桥梁、钢轨等生产建设中。含钒的高强度合金钢主要有：高强度低合金（HSLA）钢（综合）、HSLA 钢板、HSLA 型钢、HSLA 带钢、先进高强度带钢、建筑用螺纹钢筋、高碳钢线材、钢轨、工具和模具钢等。

航天工业：8%~10%的金属钒以钛-铝-钒合金的形式被用于飞机发动机、宇航船舱骨架、导弹、蒸汽轮机叶片、火箭发动机壳等方面。

化工行业：在化工领域，钒主要用作制造硫酸和硫化橡胶的催化剂，也用来抑制发电时产生氧化亚氮。其他化工钒制品则主要用于制造催化剂、陶瓷着色剂、显影剂、干燥剂等。

全钒液流电池：全钒液流电池是一种新型清洁能源存储装置，其研究始于 20 世纪 80 年代的澳大利亚新南威尔士大学，在美国、日本、澳大利亚等国家有应用验证。与其他化学电源相比，钒电池具有功率大、容量大、效率高、寿命长、响应速度快、可瞬间充电、安全性高和成本低等明显的优越性，被认为是太阳能、风能发电装置配套储能设备、电动汽车供电、应急电源系统、电站储能调峰、再生能源并网发电、城市电网储能、远程供电、UPS 系统等领域的优先选择。

世界的钒资源概况

在自然界中，钒很难以单一体存在，几乎没有含量较多的矿床，要与其他矿物形成共生矿或复合矿。目前发现的含钒矿物有 70 多种，主要的矿物有以下三种：钒钛磁铁矿、钾钒铀矿、石油伴生矿。现在已探明的钒资源储量的 98% 赋存于钒钛磁铁矿中，V_2O_5 含量可达 1.8%。除钒钛磁铁矿，钒资源还部分赋存于磷块岩矿，含铀砂岩，粉砂岩，铝土矿，含碳质的原油、煤、油页岩及沥青砂中。钒资源储量较丰富的国家有俄罗斯、美国、南非和中国，另外挪威、瑞典、芬兰、加拿大和澳大利亚等国家有少量分布。

根据美国地质调查局（USGS）的不完全统计，2015 年全球钒资源量已超 6 300 万吨，全球钒储量约 1 500 万吨，主要分布在中国、南非和俄罗斯，其他国家占有的总和不足 6%。中国蕴含 510 万吨钒资源储量，占全球总量的 34%，居世界第一。目前国际市场上主要的钒供应国为中国、南非和俄罗斯。

第二部分 钛资源概况

钛是什么？

钛是一种金属元素，英文名是 Titanium，化学符号为 Ti，原子序数为 22，属于元素周期表上的 IVB 族金属元素。钛的熔点是 1 660℃，沸点是 3 287℃，密度为 4.54g/cm^3。钛是灰色的过渡金属，其特征是重量轻、强度高、有良好的抗腐蚀能力。由于钛稳定的化学性质，良好的耐高温、耐低温、抗强酸、抗强碱，以及高强度、低密度的特性，它被誉为"太空金属"。钛最常见的化合物是二氧化钛（俗称钛白粉），其他化合物还包括四氯化钛及三氯化钛。钛是地壳中分布最广和丰度最高的元素之一，占地壳质量的 0.16%，居第九位。钛的矿石主要有钛铁矿和金红石。钛最为突出的两大优点是比强度高和耐腐蚀性强，这就决定了钛必然在航空航天、武器装备、能源、化工、冶金、建筑和交通等领域具有广阔的应用前景。储量丰富为钛的广泛应用提供了资源基础。

钛被称为"战略金属",钛及其合金具有抗腐蚀、高强度、高温及低温强度性能好、无磁性、人体适应性好、形状记忆和超导等优异性能。轻型高强度的特点,使其在航空航天等领域得到广泛应用。近年来,钛的应用逐步扩展到造船、石油化设备、海上平台、电力设备、医疗、高档消费品等民用工业领域。

钛的发现历程

1791年,钛以含钛矿物的形式在英格兰的康沃尔郡被发现。发现者是英格兰业余矿物学家格雷戈尔,他是康沃尔郡的克里特教区的牧师。他在邻近的马纳坎教区中的小溪旁找到了一些黑沙,后来他发现了那些沙会被磁铁吸引,他意识到这种矿物(钛铁矿)包含着一种新的元素。经过分析,格雷戈尔发现沙里面有两种金属氧化物:氧化铁及一种他无法辨识的白色金属氧化物。意识到这种未被辨识的氧化物含有一种未被发现的金属,格雷戈尔在康沃尔郡皇家地质学会及德国的《化学年刊》发表了文章说明这次发现。大约就在同时,米勒·冯·赖兴斯泰因也制造出类似的物质,但也无法辨识它。

1795年,德国化学家克拉普罗特在分析匈牙利产的红色金红石时也发现了这种氧化物。他主张采取为铀(1789年由克拉普罗特发现的)命名的方法,引用希腊神话中泰坦神族

Titanic 的名字给这种新元素起名叫"Titanium"。中文按其译音定名为钛。当他听闻格雷戈尔较早前的发现之后，克拉普罗特取得了一些马纳坎矿物的样本，并证实它含钛。

格雷戈尔和克拉普罗特当时所发现的钛是粉末状的二氧化钛，而不是金属钛。因为钛的氧化物极其稳定，而且金属钛能与氧、氮、氢、碳等直接激烈地化合，所以单质钛很难制取。直到 1910 年，美国化学家亨特第一次用钠还原 $TiCl_4$，才制得纯度达 99.9%的金属钛。

1940 年卢森堡科学家克劳尔用镁还原 $TiCl_4$ 制得了纯钛。从此，镁还原法（又称克劳尔法）和钠还原法（又称亨特法）成为生产海绵钛的工业方法。

在许多欧洲国家的语言中，"titan"一词表示"巨大的""了不起的"。如 1912 年沉没的一艘巨型邮轮被命名为泰坦尼克号（Titanic）。化学元素钛的拉丁名（Titanium）来自提坦。提坦是希腊神话中一组神的统称，按照经典的神话系统，提坦在被奥林波斯神系取代之前曾经统治世界。提坦是古老的神祇一族，他们是天穹之神乌拉诺斯（Uranus）和大地之母该亚（Gaea）的孩子，他们代表了太阳、月亮、星星等的物质形态。

金属钛的性质

钛的化学符号是 Ti，原子序数是 22，在化学元素周期表中位于第 4 周期、第 IVB 族，是一种银白色的过渡金属，其特征为重量轻、强度高、具有金属光泽、耐湿氯气的腐蚀。

物理性质

钛具有金属光泽，有延展性；密度为 4.5g/cm^3，熔点为 1 660℃±10℃，沸点为 3 287℃，化合价是+2、+3 和+4，电离能为 6.82 电子伏特。钛的主要特点是密度小、机械强度大、容易加工。钛的塑性主要依赖于纯度，钛越纯，塑性越大。钛具有良好的抗腐蚀性能，不受大气和海水的影响；在常温下，不会被 7% 以下盐酸，5% 以下硫酸、硝酸、王水或稀碱溶液腐蚀，只有氢氟酸、浓盐酸、浓硫酸等才可对它作用。

钛是钢与合金中重要的合金元素，钛的密度为 4.506g/cm^3 ~ 4.516g/cm^3（20℃），高于铝而低于铁、铜、镍。但钛的比强度位于金属之首。钛的导热性和导电性能较差，近似或略低于不锈钢，钛具有超导性，纯钛的超导临界温度为 0.38K ~ 0.4K。金属钛是顺磁性物质，磁导率为 1.000 04。

钛具有可塑性，高纯钛的延伸率可达 50% ~ 60%，断面收缩率可达 70% ~ 80%，但收缩强度低（收缩时产生的力度小），不宜作为结构材料。钛中杂质的存在对其机械性能影响极大，特别是间隙杂质（氧、氮、碳）可大大提高钛的强度，显著降低其塑性。钛作为结构材料所具有的良好机械性能，就是严格控制其中的杂质含量和添加合金元素而达到的。

当超音速飞机飞行时，它机翼的温度可以达到 500℃，如用比较耐热的铝合金制造机翼，一两百度也会吃不消，因此必须有一种又轻、又韧、又耐高温的材料来代替铝合金，而钛恰好能够满足这些要求。钛还能经得住零下一百多度的考验，在这种低温下，钛依然有很好的韧性且不发脆。

化学性质

钛在较高的温度下，可与许多元素和化合物发生反应。各种元素按其与钛发生的不同反应可分为四类：

第一类：卤素和氧族元素与钛生成共价键与离子键化合物。

第二类：过渡元素、氢、铍、硼族、碳族和氮族元素与钛生成金属间化物和有限固溶体。

第三类：锆、铪、钒族、铬族、钪元素与钛生成无限固溶体。

第四类：惰性气体、碱金属、碱土金属、稀土元素（除钪）、铜、钍等不与钛发生反应或基本上不发生反应。

金属钛在高温环境中的还原能力极强，能与氧、碳、氮及其他许多元素化合，还能从部分金属氧化物（比如氧化铝）中夺取氧。常温下钛与氧气化合生成一层极薄致密的氧化膜，这层氧化膜常温下不与硝酸、稀硫酸、稀盐酸、王水反应。它会与氢氟酸、浓盐酸、浓硫酸反应。

钛的提炼

制取金属钛的原料主要为金红石，其 TiO_2 的含量大于 96%。缺少金红石矿的国家采用钛铁矿制成高钛渣，其 TiO_2 含量为 90% 左右。因天然金红石涨价和储量日减，各国都趋向于用钛铁矿制成富钛料，即高钛渣和人造金红石。钛在 1791 年被发现，而第一次制得纯净的钛却是在 1910 年，中间经历了一百余年。其原因在于：钛在高温下性质十分活泼，很容易和氧、氮、碳等元素化合，要提炼出纯钛需要十分苛刻的条件。工业上常用硫酸分解钛铁矿的方法制取二氧化钛，再由二氧化钛制取金属钛。

钛的化合物与合金

钛在较高温度下，可以和许多元素产生化合反应，主要有以下几种。

二氧化钛

二氧化钛（TiO_2）：二氧化钛又称钛白，是世界上最白的东西，纯净的二氧化钛是白色粉末，是优良的白色颜料，商品名称是钛白。它兼有铅白（$PbCO_3$）的遮盖性能和锌白（ZnO）的持久性能。因此，钛白可加在油漆中，制成高级白色油漆；在造纸工业中作为填充剂加在纸浆中；在纺织工业中作为人造纤维的消光剂；在玻璃、陶瓷、搪瓷工业上作为添加剂，改善其性能；在许多化学反应中用作催化剂；在化妆品中加入钛白，对皮肤有美白功能。在化学工业日益发展的今天，二氧化钛及钛系化合物作为精细化工产品，有着很高的附加价值，应用前景十分广阔。

四氯化钛

四氯化钛（$TiCl_4$）：四氯化钛是一种无色液体，熔点为250K，沸点为409K，有刺激性气味。它在水中或潮湿的空气中都极易水解，冒出大量的白烟。因此 $TiCl_4$ 在军事上用作人造烟雾剂，尤其是在海洋战争中应用广泛。在农业上，人们用 $TiCl_4$ 形成的浓雾笼罩地面，减少夜间地面热量的散失，保护蔬菜和农作物不受严寒、霜冻的危害。

偏钛酸钡

偏钛酸钡（$BaTiO_3$）：将 TiO_2 和 $BaCO_3$ 一起熔融制就得到偏钛酸钡，人工制得的偏钛酸钡具有较高的介电常数，由它制成的电容器有较大的容量，更重要的是偏钛酸钡具有显著的"压电性能"，其晶体受压会产生电流，一通电又会改变形状。人们把它置于超声波中，它受压便产生电流，通过测量电流的强弱可测出超声波强弱。几乎所有的超声波仪器中都要用到它。随着钛酸盐的开发利用，它被愈来愈多地用来制造非线性元件、介质放大器、电子计算机记忆元件、微型电容器、电镀材料、航空材料、强磁、半导体材料、光学仪器、试剂等。

氮化钛

氮化钛（TiN）：氮化钛具有典型的 NaCl 型结构，属面心立方点阵，晶格常数为 a = 0.424 1nm，其中钛原子位于面心立方的角顶。TiN 是非化学计量化合物，其稳定的组成范围为 $TiN_{0.37} \sim TiN_{1.16}$，氮的含量可以在一定的范围内变化而不引起 TiN 结构的变化。TiN 粉末一般呈黄褐色，超细 TiN 粉末呈黑色，而 TiN 晶体呈金黄色。TiN 熔点为 2 950℃，密度为 $5.43g/cm^3 \sim 5.44g/cm^3$，莫氏硬度为 8~9，抗热冲击性好。TiN 熔点比大多数过渡金属氮化物的熔点高，而密度比大多数金属氮化物低，因此是一种很有特色的耐热材料。TiN 的晶体结构与碳化钛（TiC）的晶体结构相似，只是将其中的 C 原子置换成 N 原子。TiN 是相当稳定的化合物，在高温下不与铁、铬、钙和镁等金属反应，TiN 坩埚在 CO 与 N_2 中也不与酸性渣和碱性渣起作用，因此 TiN 坩埚是研究钢液与一些元素相互作用的优良容器。TiN 在真空中加热失去氮，生成氮含量较低的氮化钛。TiN 有着诱人的金黄色，熔点高、硬度大、化学稳定性好，是金属润湿性低的结构材料，具有较高的导电性和超导性，可应用于高温结构材料和超导材料。

碳化钛

碳化钛（TiC）：碳化钛呈浅灰色，是立方晶系，不溶于水，具有很高的化学稳定性，与盐酸、硫酸几乎不起化学反应，但能够溶解于王水、硝酸、氢氟酸中，还溶于碱性氧化物的溶液中。TiC 是具有金属光泽的铁灰色晶体，属于 NaCl 型简单立方结构，在晶格位置上碳原子与钛原子是等价的，TiC 原子间以很强的共价键结合，具有类似金属的若干特性，如很高的熔点、沸点和硬度，其硬度仅次于金刚石，有良好的导热性和导电性，在温度极低时甚至表现出超导性。因此，TiC 被广泛用于制造金属陶瓷、耐热合金、硬质合金、抗磨材料、高温辐射材料及其他高温真空器件，用其制备的复相材料在机械加工、冶金矿产、航天和聚变堆等领域有着广泛的应用。

钛合金

钛合金主要有 α 钛合金、β 钛合金和 α+β 钛合金三种。

α 钛合金

它是 α 相固溶体组成的单相合金，不论是在一般温度下还是在较高的实际应用温度下，均是 α 相，结构稳定，耐磨性高于纯钛，抗氧化能力强。在 500℃～600℃的温度下，它仍保持其强度和抗蠕变性能，但不能进行热处理强化，因为其室温强度不高。

β 钛合金

它是 β 相固溶体组成的单相合金，未热处理即具有较高的强度，经过淬火时效后合金得到进一步强化，室温强度可达 1 372MPa~1 666MPa，但热稳定性较差，不宜在高温下使用。

α+β 钛合金

它是双相合金，具有良好的综合性能，结构稳定性好，有良好的韧性、塑性和高温变形性能，能较好地进行热压力加工，淬火、时效能使合金强化。热处理后的强度比退火状态提高 50%~100%；耐高温强度高，可在 400℃~500℃ 的温度下长期工作，其热稳定性次于 α 钛合金。

钛合金强度高且密度又小，机械性能好，韧性和抗蚀性能很好。另外，钛合金的工艺性能差，切削加工困难，在热加工中，非常容易吸收氢、氧、氮、碳等杂质。其抗磨性差，生产工艺复杂。由于航空工业发展的需要，钛工业以平均每年约 8% 的增长速度发展。钛合金主要用于制作飞机发动机的压气机部件，其次用于制作火箭、导弹和高速飞机的结构件。20 世纪 60 年代中期，钛及其合金已在一般工业中应用，用于制作电解工业的电极和发电站的冷凝器，石油精炼和海水淡化的加热器及环境污染控制装置等。钛及其合金是一种耐蚀结构材料。此外钛及其合金还用于生产贮氢材料和形状记忆合金等。

世界钛资源概况

钛在地球上的储量十分丰富，地壳丰度为 0.61%，海水含钛量为 $1×10^{-7}$，其含量比常见的铜、镍、锡、铅、锌都要高。已知的钛矿物约有 140 种，工业应用的主要是钛铁矿（$FeTiO_3$）和金红石（TiO_2）。

据美国地质调查局（USGS）2015 年公布的数据，全球锐钛矿、钛铁矿和金红石的资源总量超过 20 亿吨，其中钛铁矿储量约为 7.2 亿吨，占全球钛矿的 92%，金红石储量约为 4 700 万吨，二者合计储量约 7.67 亿吨。全球钛资源主要分布在澳大利亚、南非、加拿大、中国和印度等国家。各国钛铁矿具体的分布数据：中国 2 亿吨、澳大利亚 1.7 亿吨、印度 8 500 万吨、南非 6 300 万吨、巴西 4 300 万吨。

国外生产钛铁矿砂矿的矿区主要有七个：澳大利亚东西海岸、南非理查兹湾、美国南部和东海岸、印度半岛南部喀拉拉邦、斯里兰卡、乌克兰、巴西东南海岸。国外金红石砂矿区主要有三个：澳大利亚东西海岸、塞拉利昂西南海岸、南非理查兹湾。印度、斯里兰卡、巴西和美国也有少量产出。

中国的钛铁矿储量占全球钛铁矿储量的 28.6%，居第一位；澳大利亚金红石储量占全球总量的 60%，占据了金红石储量的大半壁江山。

第三部分　钒钛磁铁矿资源概况

钒钛磁铁矿资源及分布

钒钛磁铁矿是一种以铁、钒、钛为主，伴生多种有价元素（如铬、铜、钴、镍、钪、镓和铂族元素等）的多元共生铁矿。由于铁钛紧密共生，钒以类质同象的形式赋存于钛磁铁矿中，因此，称其为钒钛磁铁矿。一般钒钛磁铁矿含 TiO_2 1%~15%，V_2O_5 0.1%~2%。钛磁铁矿是一种含有钛铁矿、钛铁晶石、镁铝尖晶石等固溶体分离物的磁铁矿，经区域变化可结晶为钛铁矿和磁铁矿。

在自然界中，钒钛磁铁矿矿石主要生成于基性、超基性侵入矿床（岩浆型铁矿床）。矿床中常见的有用矿物主要为钛磁铁矿和钛铁矿，其次还有少量的磁铁矿、赤铁矿和硫化物等。矿石以富含钒、钛为特征，其主要资源国为俄罗斯、南非、中国、加拿大、挪威、美国、芬兰、瑞典、印度、澳大利亚和新西兰等。根据资料，仅上述国家钒钛磁铁矿的储量就达 400 亿吨以上。此外，巴西、委内瑞拉、智利、纳米比亚、埃及、斯里兰卡、阿联酋、印度尼西亚、马来西亚等国家均发现有钒钛磁铁矿资源。目前，已开始大量开采利用的钒钛磁铁矿资源主要有中国四川攀枝花矿和河北承德矿、南非布什维尔德矿、俄罗斯卡奇卡纳尔矿和古谢沃尔矿、芬兰木斯塔瓦拉矿和奥坦梅德矿、挪威罗德桑矿、美国纽约州桑福德湖矿等。

　　钒钛磁铁矿矿床在中国分布广泛，储量丰富，其储量和开采量居全国铁矿的第三位，矿床主要分布在四川攀枝花西昌地区、河北承德地区、陕西汉中地区、湖北郧阳和襄阳地区、广东兴宁及山西代县地区等。我国钒钛磁铁矿的主要成矿带是攀枝花—西昌地区，该地区也是世界上同类矿床的重要产区之一。伴生在攀枝花钒钛磁铁矿中的钒和钛的储量分别占全国的 63% 和 91%，同时钴占 63%、镓占 55%、镍占 21%，此外还有钪、铂族和金等矿产资源。

　　由于矿石特性及开发技术的不同，各个钒钛磁铁矿生产国开发的重点亦各异。以钛磁铁矿为主要矿物的钒钛磁铁矿资源，其开发的重点是回收其中的钛磁铁矿，生产钛磁铁精矿，例如，南非布什维尔德矿、俄罗斯卡奇卡纳尔矿、芬兰木斯塔瓦拉矿和奥坦梅德矿。以钛磁铁矿、钛铁矿为主要矿物的钒钛磁铁矿资源，其开发的重点是分别回收钛磁铁矿、钛铁矿生产钛磁铁精矿和钛精矿，例如，美国纽约州桑福德湖矿、中国河北承德矿。既含钛磁铁矿，又含钛铁矿和硫化物的钒钛磁铁矿，开发时则分别回收用于生产钛磁铁精矿、钛精矿和硫化物精矿，例如，俄罗斯古谢沃尔矿、中国四川攀枝花矿。

中国钒资源概况

钒在我国主要赋存于钒钛磁铁矿中，并且我国钒钛磁铁矿资源丰富，全国有 21 个省份拥有钒的已查明的资源储量，主要集中在四川攀枝花、河北承德、陕西汉中、湖北郧阳和襄阳、广东兴宁及山西代县等地区。我国已探明 108 个钒矿床，其中大型矿床（V_2O_5 储量大于 100 万吨）8 个，包括四川攀西地区的 4 个，承德大庙钒钛磁铁矿，以及敦煌方山口钒磷铀矿、广西大丰石煤矿和湖南岳阳新开唐石煤矿。据统计，中国钒储量为 2 088.38 万吨（以 V_2O_5 计），占全球钒储量的34%。攀枝花钒储量（以 V_2O_5 计）为 1 786 万吨，占全国钒储量的 85.53%。

中国钛资源概况

根据美国地质调查局（USGS）公布的资料，我国的钛资源储备约两亿吨，占全球总储量的 28.6%，钛铁矿储量位居世界第一。我国探明的钛资源分布在 21 个省份共 108 个矿区，142 个钛矿床，主要分布于四川、河北、海南、广东、广西等 20 个省份。

　　我国的钛矿大体有四种类型：钛铁矿岩矿、钛铁矿砂矿、金红石岩矿和金红石砂矿。钛矿床的矿石工业类型比较齐全，既有原生矿，也有次生矿，原生钒钛磁铁矿应用于我国的主要工业类型中。在钛铁矿型钛资源中，原生矿占 97%，砂矿占 3%；在金红石型钛资源中，绝大部分为低品位的原生矿，其储量占全国金红石资源的 86%，砂矿为 14%。全国原生钛铁矿共有 45 处，主要分布在四川攀西和河北承德。2011 年我国原生钛铁矿储量 2.46 亿吨，是我国最主要的钛矿资源。钛铁矿砂矿资源有 85 处，主要分布在海南、云南、广东、广西等地，储量 500 万吨，也是我国重要的钛矿资源。相比之下，金红石矿资源较少，资源产地 41 处，主要分布在河南、湖北和山西等地，储量 200 万吨。

　　我国钛铁矿岩矿以钒钛磁铁矿为主，主要分布在四川攀枝花、河北承德、广东兴宁等地。攀西地区钒钛磁铁矿探明储量约 200 亿吨，是全国储量最大的钒钛磁铁矿；其次是承德地区钒钛磁铁矿，保有资源储量达 78.25 亿吨；广东兴宁市霞岚钒钛磁铁矿远景储量在 4.5 亿吨左右；陕西洋县毕机沟钒钛磁铁矿储量达 2.4 亿吨，并且伴生钒、磷等多种有用矿产；甘肃大滩钛铁矿资源储量 3 300 万吨，其 TiO_2 平均品位为 6.17%；其他矿区有北京昌平区上庄钛磁铁矿、北京怀柔区新地钒钛磁铁矿、新疆尾亚钒钛磁铁矿、安徽马鞍山铁矿等。

攀枝花钒钛资源概况

资源储量及分布

攀西地区拥有世界罕见的超大型复杂多金属矿床，已发现矿产种类 76 种，已查明具有一定储量的有 39 种，具有储量大、综合利用价值高、开采条件优越、选冶难度大等特点。攀枝花市有白马、红格、攀枝花三个大的矿区及分布于米易县、盐边县境内的一些小矿区。勘探预测，攀枝花市钒钛磁铁矿资源潜力评价结果如下：按 $TFe \geqslant 15\%$、$TiO_2 \geqslant 5\%$ 或 $V_2O_5 \geqslant 0.1\%$ 预测时，攀枝花拥有钒钛磁铁矿矿石资源（含已探明的）约 100 亿吨；按 $TFe \geqslant 10\%$、$TiO_2 \geqslant 5\%$ 或 $V_2O_5 \geqslant 0.1\%$ 预测时，攀枝花拥有钒钛磁铁矿资源（含已探明的）共计 601.00 亿吨。

攀枝花钒钛磁铁矿资源的特点

攀枝花拥有世界罕见的超大型钒钛磁铁矿矿床，无论在储量上还是在经济价值上，都具有非常突出的优势，因此被誉为"富甲天下的聚宝盆"。全市已查明钒钛磁铁矿矿区（矿段）20 余个，其中大型以上 13 个，集中分布在白马、红格、攀枝花三个大矿区及米易县、盐边县境内的一些小矿区。攀枝花钒钛磁铁矿资源有以下三个显著特点。

（1）资源储量巨大。

攀枝花的主要矿区有以下几个：

一是攀枝花矿区。该矿区长 19km，宽 2km，面积约 40km^2，自东北向西南分为朱家包包、兰家火山、尖包包、倒马坎、公山、纳拉箐六个矿段，累计探明资源储量 12.88 亿吨，铁平均品位 34%；V_2O_5 为 344.93 万吨，平均品位 0.34%；TiO_2 为 13 605.30 万吨，平均品位 11.4%。

二是白马矿区。该矿区长 24km，宽 3km～5km，面积约 100km^2，自北向南分为夏家坪、芨芨坪、田家村、青杠坪、马槟榔五个矿段，累计探明资源储量 14.97 亿吨，铁平均品位 26%；V_2O_5 为 337.92 万吨，平均品位 0.25%；TiO_2 为 4 502.93 万吨，平均品位 7.5%。

三是红格矿区。该矿区长 5km，宽 1km～3km，面积约 10km^2，分北矿区东、西矿段，南矿区马松林、铜山、路枯五个矿段，累计探明资源储量 35.73 亿吨，V_2O_5 为 684.15 万吨，TiO_2 为 3 241.43 万吨。其中，北矿区探明资源储量 16.22 亿吨，铁平均品位 27.41%，V_2O_5 为 316.79 万吨，平均品位 0.25%；TiO_2 为 14 465.48 万吨，平均品位 10.56%；南矿区探明资源储量 19.51 亿吨，铁平均品位 27.6%，V_2O_5 为 367.33 万吨，平均品位 0.24%，TiO_2 为 17 995.95 万吨，平均品位 11%。

（2）经济价值高。

攀枝花钒钛磁铁矿除铁外，还共生钛，伴生钒、铬、钪、镓、钴、镍等元素，按现有保有储量计算，直接经济价值约为 3.4 万亿元。钛及其合金由于具有密度小、强度高、比强度大、耐腐蚀、高低温性能优异等特点，被广泛应用于航空、航天、航海、化工、军工及民用领域。钒主要用作钢铁的合金化元素，在航空、航天、激光防护、核反应堆、超导、玻璃、陶瓷、医药等领域的应用也日渐广泛。随着科学技术的进步，钒钛在国防军工及民用领域的地位都越来越重要。

虽然我国是世界上钛矿资源储量较为丰富的国家之一，但钛矿资源主要赋存于可选性差的钒钛磁铁矿中，国内可选性好、品位高的砂矿较少，天然金红石矿产资源更是缺乏。国内钛矿几乎没有任何资源优势，不能满足钛工业发展的需求，随着攀枝花钒钛磁铁矿开发利用技术的进步，国内业界已把钛工业的希望寄托在了攀枝花钛资源上。

除铁、钒、钛外，攀枝花钒钛磁铁矿中所含的铬、钴、钪、镍、镓等稀贵金属储量均达到相应元素的特大型矿山储量。铬是重要的战略物资之一，目前我国每年铬消费量的80%以上依靠进口，攀枝花钒钛磁铁矿中的铬占全国保有储量的 2/3。钴也是我国的紧缺金属元素，中国是钴的净进口国。

矿产资源是一种耗竭性的、不可再生的自然资源。我国人均矿产资源占有量不到世界平均水平的一半，随着经济的快速发展和人口增长，我国矿产品消费量与日俱增，矿产资源短缺的压力越来越大，资源形势日趋严峻。攀枝花的多金属伴生钒钛磁铁矿资源无疑将成为我国经济发展的重要资源保障。

（3）易开采、难选冶。

攀枝花钒钛磁铁矿资源的分布集中，矿山水文、工程地质条件较好，大多宜露天开采。红格、白马、攀枝花三大矿区的矿物成分略有差异，但矿物特性相似，有利于保持生产的稳定和研发工作的延续性。攀枝花矿属高钛型铁矿，矿体范围大，矿石类型为致密块状、浸染状，典型矿相组成及化学成分见表 3.2 和表 3.3。

表 3.2　攀枝花钒钛磁铁矿矿物组成

矿相	钛磁铁矿	钛铁矿	硫化矿	钛普通辉石	斜长石
矿物含量（%）	43~44	7.5~8.5	1~2	28~29	18~19

表 3.3　攀枝花钒钛磁铁矿原矿的化学成分

成分	TFe	FeO	Fe_2O	TiO	V_2O_5	Cr_2O_3	SiO_2	Al_2O_3
含量(%)	31.55	23.85	17.32	10.58	0.31	0.03	32.01	7.85
成分	MgO	MnO	P_2O_5	S	Co	Ni	Cu	CaO
含量(%)	6.38	0.28	0.07	0.7	0.016	0.015	0.024	6.85

攀枝花钒钛磁铁矿石中的钛矿物主要为粒状钛铁矿、钛铁晶石和少量片状钛铁矿。在目前技术水平下，粒状钛铁矿可以单独回收，而钛铁晶石和片状钛铁矿不能单独回收。原矿结构致密，固溶了较高的 MgO，因此，选出的铁精矿和钛

精矿品位不高。钛精矿中 MgO 和 CaO 含量高，给提取冶金带来一定困难。

攀枝花钒钛磁铁矿单独以矿物中的铁、钒、钛计算，都是低品位矿，规模大、品位低，丰而不富。虽大多可以露天开采，但矿石结构复杂，铁、钒、钛等元素相互共生，钛品位虽然较高，但铁钛致密结合，其工艺矿物学特点决定了仅靠选矿手段难以分离，铁精矿中钛含量高，难以用普通工艺冶炼。现有工艺下，钒渣在铁水中提取，钛矿在选铁尾矿中选取，钒钛的利用规模取决于钒钛磁铁矿资源的开采规模。攀枝花钛精矿成分稳定、酸溶性好、无放射性，但钙、镁含量高，深加工利用技术难度大，这也是资源优势难以转化为经济优势的关键所在。攀枝花钒钛磁铁矿中伴生的钪、镓、铬等有价元素资源储量大，但品位较低，又属多金属共生岩矿，受现有技术条件和开发成本的限制，开发利用难度较大。

攀枝花矿产之父——常隆庆

常隆庆（1904 年 12 月 3 日—1979 年 7 月 21 日），字兆宁，四川省江安县连天乡泥溪村人，1930 年毕业于北京大学，就职于实业部北平地质调查所土壤室，任调查员。1932年 9 月，北平地质调查所所长翁文灏应中国西部科学院院长卢作孚请求，将常隆庆调任该院地质研究所主任、研究员。

1935 年冬，常隆庆等被派往会理调查因地震造成"金沙江断流"的问题。1936 年 1 月，常隆庆率助手殷开忠从綦江步行到西昌地区，在会理未见江河断流，却意外地发现会理一带有金属矿物成矿的条件，遂将调查重点放在宁属各县的地质矿产方面。他们从会理步行到三堆子，沿金沙江上行，乘船过江到倮果，再经密地、倒马坎、马颈子、烂泥田、弄弄坪、巴关河、棉花地、冷水箐、盐边、盐源等地，经过倒马坎时，从江中露出的岩石中发现了铁矿石。

1937 年 9 月，常隆庆根据这次地质矿产调查出版《宁属七县地质矿产》一书，将攀枝花成矿方式命名为"盐边系"岩层，并认定盐边系有磁铁矿、赤铁矿等。1939 年 7 月，四川省建设厅调常隆庆到西昌任地质专员、西昌经济建设设计委员会常委，负责工业设计。

1940 年 8 月，常隆庆等一行七人从西昌出发，经盐源、丽江、华坪、盐边，历时 87 天，行程 1 885 千米。9 月 5 日到攀枝花村，他们住在保长罗明显家，见院内有铁矿石甚感惊奇，即上山勘察，又发现尖包包、硫磺沟、营盘山等处的磁铁矿，遂采集铁矿石标本用六匹马驮回西昌。经西康技艺专科学校化学系龚准教授化验认定矿石里有钛，即电告经济部地质调查所，请派人前来进行勘察。常隆庆又写成《盐边、盐源、华坪、永胜等县矿产调查报告》，对攀枝花磁铁矿的储量、地质、成矿原理、藏量进行论证，描绘了营盘山、尖包包石灰岩与磁铁矿矿层及厚度，对盐边大湾子赤铁矿、东巴湾赤铁矿和许家沟、阿拿摩、阿卡尼、弄弄坪等地的铁、煤矿藏都有独到的论述，并提出设厂开发的建议。重庆大学校长、四川矿产地质调查处处长胡庶华对常隆庆等的重大发现特别致函祝贺，函称："足下深入蛮荒，从事地质调查，风霜雨雪，饥寒痛苦皆所不惧，此等精神，求之当世，岂可多得，佩服佩服！"1952年，常隆庆调任西南地质局工程师兼重庆地质学校教务主任；1956年，任新成立的成都地质勘探学院（今成都理工大学）教授、古生物教研室主任，他还是中国地质学会常务理事。常隆庆教授一直潜心于地质教育事业，他亲临教学第一线，讲授古生物学、地史学、中国地质、中国区域大地构造学等多门专业主干课程，并担任研究生指导教师，主编了我国第一部《中国地质学》中专教材。他治学严谨、教书育人，热心培养和帮助青年教师成长，他的许多学生后来都成为重要学术研究的带头人、专家、技术骨干和高级领导干部。他为我国的学科专业建设、人才培养和学校的发展做出了重要的贡献。

1979年，中共渡口市（今攀枝花市）委宣传部派人专程去成都地质学院向常隆庆转达国务院副总理方毅视察渡口时对常隆庆的关怀："攀枝花现在建成了，不要忘了发现攀枝花的有功前人常隆庆教授。"常隆庆听后感动得流下热泪，并接受邀请于6月重回西昌、渡口视察，其间还发现了新的矿藏。在渡口视察时，常隆庆看见他们早年的发现和梦想正在变成辉煌的现实，还满怀激情地题诗一首："昔来人惊少，今来我叹老。弹指四三春，风光日美好。崇山覆林海，幽谷展矿宝。电灯社队明，水库区县搞。铁路一线通，汽车四面跑。工农温饱乐，城乡活跃巧。昔日我来游，崔荐乱似草。今日我来游，恐怖全消了。感此快我心，社会主义好。"

1979年7月21日清晨，常隆庆教授在进行《中国断裂体系和控矿》课题研究时，因脑出血突发于书案旁逝世，享年75岁。为了展现攀枝花矿山建设开发历程，弘扬"艰苦奋斗、永攀高峰"的攀钢精神，展示攀西矿产资源并纪念攀西矿产资源的发现者——常隆庆教授，攀枝花市政府将市区密地大桥北至攀枝花钒钛磁铁矿矿区（小攀枝花）的一段道路命名为"隆庆路"。

第四部分 三线建设
与钒钛资源开发

　　攀枝花市因为铁矿资源丰富被列入三线建设，钒钛资源又是攀枝花市铁矿资源的重要组成部分，因此三线建设与钒钛资源的开发有密切的关系。

三线释义

　　所谓三线，一般是指经济相对发达且处于国防前线的沿边、沿海地区向内地收缩划分的三个地区。一线地区指沿边、沿海的前线地区；二线地区指一线地区与京广铁路之间的安徽、江西及河北、河南、湖北、湖南四省的东半部；三线地区指长城以南、广东韶关以北、京广铁路以西、甘肃乌鞘岭以东的广大地区，其中西南的川、贵、云和西北的陕、甘、宁、青俗称"大三线"，一、二线地区的腹地俗称

"小三线"①。

粗略从行政区划分来看：一线地区包含北京、上海、天津、黑龙江、吉林、辽宁、内蒙古、山东、江苏、浙江、福建、广东、新疆、西藏；三线地区包含四川（含现在的重庆）、贵州、云南、陕西、甘肃、宁夏、青海及山西、河北、河南、湖南、湖北、广西的腹地部分，共涉及 13 个省份；介于一、三线地区之间的，就是二线地区。

三线建设

三线建设是指自 1964 年起，中华人民共和国在中西部地区的 13 个省份进行的一场以战备为指导思想的大规模国防、科技、工业和交通基本设施建设。从 1964 年至 1980 年，在贯穿三个"五年计划"的 17 年中，国家在属于三线地区的 13 个省份的中西部投入了超过同期全国基础建设总投资的 40%，即 2 052.68 亿元；400 万工人、干部、知识分子、解放军官兵和数千万人次的民工，在"备战备荒为人民""好人好马上三线"的时代号召下，打起背包，跋山涉水，来到祖国大西南、大西北的深山峡谷、大漠荒野，风餐露宿、肩扛人挑，用艰辛、血汗和生命建起了 1 100 多个大中型工矿企业、科研单位和大专院校。

---

① 张彦，续敏，马国芝. 山东—三线军工精神的历史渊源与红色基因 [J]. 山东工会论坛，2019（5）：70-74.

三线建设背景

西方资本主义国家的威胁

自 1949 年中华人民共和国成立以来，西方资本主义国家就开始对新中国进行围追堵截，意图将社会主义中国扼杀在摇篮里。

1950 年 6 月 25 日，朝鲜战争爆发，6 月 27 日，美国总统杜鲁门下令第七舰队进入台湾海峡，10 月 25 日，中国人民志愿军入朝支援朝鲜人民军。经过艰苦战斗，1951 年 7 月 10 日，中华人民共和国和朝鲜方面与联合国军的美国代表开始停战谈判，经过多次谈判后，终于在 1953 年 7 月 27 日签署《朝鲜停战协定》，以美国为首的联合国军吃了败仗，被中国人民志愿军和朝鲜人民军赶到三八线以南，朝鲜战争结束。但是，以美国为首的西方资本主义阵营为了破坏中国的社会主义建设，并没有停止军事冒险行为①。

在 20 世纪 60 年代初期，美国制定了多种核打击中国的计划。美国国防部拟定的《1962 年财政年度单一统一作战计划》要求，一旦战争爆发，就把美国当时拥有的全部 3 400 枚核导弹射向苏联、中国和东欧社会主义国家的要害目标。

---

① 刘月兰，王鹏力. 论 1950 年中国出兵朝鲜的必要性 [J]. 党史文苑：下半月学术版，2013（8）：19-21.

1961年9月和1962年9月，美国国防部先后进行了两次以中国为假想敌的大型核战争演习，胁迫我周边国家签订条约，结成反华联盟，并在这些地区建立军事基地，对我国东、南部形成一个半圆形的包围圈。印度、日本、韩国等国对我国也持敌对态度。1962年后，美国在台湾海峡多次举行以入侵中国大陆为目标的军事演习。1964年，美国制定了绝密报告——《针对共产党中国核设施进行直接行动的基础》，试图出动空军袭击中国即将进行第一颗原子弹实验的核基地。

1964年8月2日，美国制造"北部湾事件"，美国驱逐舰马克多斯号挑起并扩大与越南的武装冲突。5日，美国出动第七舰队125艘军舰和600余架飞机，悍然对越南民主共和国进行轰炸，开始全面介入越南战争，导致越战全面升级，并将战火延烧到包括北部湾和海南岛在内的中国南部地区。除此之外，美国空军还轰炸中越边境、海南岛和北部湾沿岸，中国方面也有人员伤亡。

苏联的威胁

1956年之后，中国和苏联由于在意识形态等方面发生了很大分歧，引起了苏联极大不满，苏联单方面撕毁援建中国的合同，撤走在中国的苏联专家，逼中国还抗美援朝时期购买军备所欠下的债务，并且苏联还策动新疆分裂分子进行武装叛乱。随着中苏关系的进一步恶化，从1960年起，苏联方面在中苏边境不断侵占中国领土，驱赶、殴打和绑架中方人员。1962 年，苏联在中国新疆伊犁、塔城地区策动大批中国居民外逃。1963 年 7 月，苏联与蒙古签订了针对中国的《关于苏联帮助蒙古加强南部边界防务的协定》。不久之后，苏联派出重兵进入蒙古，并将导弹瞄准中国境内的军事目标，两国长达 7 300 千米的边境线出现了空前的紧张局势。

台海两岸关系对立

除了核战争的威胁，地面战争的威胁也是不容忽视的。在东部沿海一带，从 1962 年至 1965 年，蛰伏台湾的蒋介石政权在美国的军事援助下，向广东、福建、浙江、江苏等地先后派出 40 股武装特务力量登陆进行骚扰活动，为其反攻大陆的计划打前站。这些军事冒险行为被我人民解放军悉数挫败。同时，在美国的支持下，台湾当局多次派遣当时世界上最先进的侦察机——U2 侦察机对大陆的军事设施进行侦察，获取了大量军事情报，企图破坏大陆军事设施。1962—1967年，大陆共击落 5 架 U2 侦察机。

邻国的威胁

当时，中印边境的局势也很紧张，印度军队不断蚕食我国领土，在中印边境东西两段向我国发动武装进攻。日本与美国结盟，其国内有美国的驻军，日本本国也加紧发展自己的武装力量，韩国政府同样采取敌视中国的政策。

在这些威胁中，手中握有核武器的苏联和美国，对中国的威胁最大。中国当时没有核武器，在遇到核打击时，是没有任何回击能力的。面对这些威胁，毛泽东做出了两个选择：第一个选择是中国也要搞一点原子弹；第二个选择就是搞三线建设，并且将搞原子弹合并到三线建设这一大框架之中，即在三线搞原子弹。所以三线建设处于毛泽东战略决策的核心地位。

英明的决策①

面对敌对势力对我国发出的战争威胁，党中央从维护国家安全的角度出发，以毛泽东为核心的第一代领导集体提出三线建设的构想。从 1961 年起，国家对整个国民经济实行调整工作，克服"大跃进"造成的大规模经济衰退的困难。到 1963 年下半年，开始呈现全面好转的势头。然而，国际形势却逐渐趋于紧张。"准备打仗"这一大问题，进入了最高领导的议事日程。

1964 年 5 月 10 日至 11 日，毛泽东在听取国家计委领导小组汇报《第三个五年计划（1966—1970）的初步设想》时插话说，两个拳头——农业、国防工业，一个屁股——基础工业，要摆好，要把基础工业适当搞上去，其他方面不能太多，要相应②。

---

① 孙东升.三线建设战略决策始末 [J].党史天地，1998（5）：26-29.
② 薄一波.若干重大决策与事件的回顾：下卷 [M].北京：中共中央党校出版社，1993：1198.

同年 5 月 15 日至 6 月 17 日中央工作会议期间，毛泽东明确提出，只要帝国主义存在，就有战争的危险。我们不是帝国主义的参谋长，不晓得它什么时候要打仗。决定战争最后胜利的不是原子弹，而是常规武器。在原子弹时期，没有后方不行。他同时提出要把全国划分为一、二、三线的战略布局，要下决心搞三线建设。在搞三线工业基地建设的同时，一、二线也要搞点军事工业。

6 月 8 日，在中央政治局常委和中央局第一书记会议上的讲话中，毛泽东又反复说："搞第三线基地，大家都赞成，搞快一些，但不要毛糙，只有那么多钱呀，地方的摊子要少铺，中央的摊子也要少一些。最好两头修（指攀枝花铁路）。还有以大区或省为单位搞点军事工业，准备游击战争有根据地，有了那个东西我就放心了。"

8 月 18 日，李富春、薄一波、罗瑞卿联名向毛泽东和中共中央写了《关于国家经济建设如何防备敌人突然袭击的报告》，建议由国务院组织一个专案小组，研究采取一些切实可行的积极措施，以防备敌人的突然袭击。8 月 12 日，毛泽东在这份报告上做出批示："此件很好，要精心研究，逐步实施。国务院组织专案小组，已经成立、开始工作没有？"①

1964 年 8 月中旬，中共中央书记处开会讨论三线建设问题。毛泽东在 17 日和 20 日两次讲话中说：要准备帝国主义

① 中共中央文献研究室. 建国以来毛泽东文稿 [M]. 北京：中央文献出版社，1996：126.

可能发动侵略战争。现在工厂都集中在大城市和沿海地区，不利于备战。工厂可以一分为二，要抢时间迁到内地去。各省都要搬家，都要建立自己的战略后方，不仅工业交通部门要搬家，而且学校、科学院、设计院、北京大学都要搬家。成昆、川黔、滇黔这三条铁路要抓紧修好，铁轨不够，可以拆其他线路的。根据毛泽东的讲话精神，会议经过研究，决定首先集中力量建设三线，在人力、物力、财力上给予保证。新建项目都要摆在第三线，现在就要搞勘察设计，不要耽误时间，第一线能搬的项目要搬迁，明后年不能见效的续建项目一律缩小建设规模。在不妨碍生产的条件下，有计划、有步骤地调整第一线，一、二线企业要有重点地搞技术改革。这一决定标志着我国经济建设的指导思想转向以三线建设为中心，也是动员大规模开展三线建设的开始。

8月，中央书记处会议后，三线建设进入初期部署和紧锣密鼓的实施阶段。同时，国家计委的工作重心转移到三线建设发展战略的落实上，以及围绕此调整修改"三五计划"的《第三个五年计划的初步设想》。

1964年10月30日，中共中央批准下发国家计委制定的《1965年国民经济计划纲要（草案）》（以下简称《纲要》），要求据此安排经济工作和计划工作。《纲要》提出1965年计划的基本指导思想是，争取时间，积极建设三线，防备帝国主义发动侵略战争。要求1965年三线建设要结合第三个五年计划来考虑和安排。三线建设总的目标，是要采取多快好省的方法，在我国纵深地区建设起一个工农业结合的、为国防和农业服务的、比较完整的战略后方基地。

1965 年 6 月 1 日，国家计委召开由中央局和北京、上海、天津、沈阳、武汉、重庆 6 个城市主管计划工作的书记和国家计委主任参加的会议，就修改"三五计划"设想进行座谈。16 日，毛泽东和周恩来、彭真、李先念、薄一波等听取国家计委副主任余秋里、谷牧关于新"三五计划"和三线建设的汇报。毛泽东谈了以下观点："三五计划"投资项目多了，基本建设项目不要搞得那么多，少搞些就能打歼灭战；农轻重的次序要违反一下，吃穿用每年略有增加就好；鉴于过去的经验，欲速则不达，还不如小一点慢一点能达到；对老百姓不能搞得太紧。总之第一是老百姓，第二是打仗，第三是灾荒。订计划要考虑这三个因素①。

根据毛泽东的指示精神，国家计委又对各项指标进行了调整，于 7 月 22 日至 26 日向周恩来汇报调整后的第三个"五年计划"的初步设想方案。这次初步设想方案提出，第三个"五年计划"实质上是一个以国防建设为中心的备战计划，要从准备应付帝国主义早打、大打出发，把国防放在第一位，抢时间把三线建设成为具有一定规模的战略大后方。在国防工业方面，首先把常规武器中最基本的东西搞起来，

---

① 逄先知，金冲及. 毛泽东传（1949—1976）[M]. 北京：中央文献出版社，2003：1363.

同时保证尖端方面一些最急需和周期长的工程项目的建设①。在基本建设投资上，最后确定了 850 亿元的投资规模。据此，9 月国家计委草拟了《关于第三个五年计划安排情况的汇报提纲（草案）》（简称《汇报提纲》）。这个《汇报提纲》提出了第三个"五年计划"的指导思想和初步设想②。其指导思想是，必须立足于战争，从准备大打、早打出发，积极备战，把国防建设放在第一位，加快三线建设，逐步改变工业布局；发展农业生产，相应地发展轻工业，逐步改善人民生活；加强基础工业和交通运输的建设；充分发挥一、二线的潜力；积极地，有目标、有重点地发展新技术，努力赶上和超过世界先进技术水平。在这一指导思想下，总投资额、财政支出、粮食产量、钢产量、每年递增速度有了一些初步设想。《汇报提纲》还指出，"三五"期间一定要把建设重点放在三线，否则就会犯方向性错误。之后，中央工作会议讨论并通过了国家计委的这个《汇报提纲》。11 月，国务院批准了国家计委《关于第三个五年计划草案》（简称《计划草案》）。《计划草案》提出，"三五计划"必须着重解决以下几个基本问题：①立足于打仗，争取时间，改变布局，加快三线建设，首先是国防建设；②加快三线建设，是中央既定

---

　　① 力平，马芷孙. 周恩来年谱（1949—1976）：中卷［M］. 北京：中央文献出版社，1997：745.
　　② 中共中央文献研究室. 建国以来重要文献选编：第 20 册［M］. 北京：中央文献出版社，1998：359.

的方针，也是"三五计划"的核心，三线建设必须充分依靠一、二线现有的工业基础，一、二线应当为三线建设出人、出钱、出技术、出材料、出设备，一、二、三线要相互促进；③"三五计划"建设的重点是三线，但是，不同行业的布局要从具体情况出发，冶金、机械、化工、石油、国防工业，以及配合这些建设的煤炭、电力和交通运输，一定要把建设重点放在三线；④三线工业布点，要注意靠山近水，并充分利用这一地区丰富的水力资源来发展水运；⑤为了使三线地区的农业生产，特别是粮食生产能够很快地上去，支援工业建设，逐步增加后方的粮食储备，三线地区的化肥建设应当先走一步，主要利用四川的天然气搞合成氨。

至此，以备战为中心的"三五计划"制定完成，三线建设也作为"三五计划"的头等任务在国家经济发展计划中确定了下来。

三线建设的实施

中央做出建设三线的决策后，国务院及其有关部门对建设的目标、总体布局、方针和计划实施等进行了一系列的安排和部署。时任国务院副总理兼国家计委主任李富春于1964年9月21日在全国计划工作会议的报告中说，三线建设的目标和布局是"在纵深地区，即在西南和西北地区（包括湘西、鄂西、豫西)① 建立一个比较完整的后方工业体系"。当时设想，"三年或者更多一点时间，把重庆地区，包括从綦江到鄂西的长江上中游地区，以重钢为原料基地，建设成能够制造常规武器和必要机械设备的基地。用三年或五年的时间，把酒泉钢铁厂建设起来，依靠这个原料基地，在西北地区初步建设起一个能够制造常规武器和必要机械设备的基地。用七年到八年时间，依靠攀枝花原材料基地，初步建立起一个比较完整的包括冶金、机械、化工、燃料等主要工业部门的基地"②。

三线建设决策出台后，国务院会同有关部门联合组织的国防工业、铁路、矿山等几支庞大的考察选厂址工作队，先后在西北、西南和中南地区踏勘，初步选定一批厂址和线路，在调查研究的基础上，综合规划，大体确定了三线地区的工业布局，提出了三线建设项目布局的总体方案。方案经过批准，逐步实施。三线建设布局突出解决本地区交通不便的问题，着力加强能源和原材料等基础工业建设，进行国防科技工业的纵深布局，并相应安排了与之配套协作的机械工业和化学工业；同时兼顾发展农业需要的农机、化肥、农药等项目的安排，力图使三线工业能够建立在农业稳步发展的基础

① 郭德宏，冯成略.丰碑：中国共产党八十年奋斗与辉煌：风采卷 [M].北京：人民日报出版社，2001.
② 陈东林.三线建设：备战时期的西部开发 [M].北京：中共中央党校出版社，2003：125.

之上。三线建设开始时的重点是西南的四川、贵州、云南和西北的陕西、甘肃，以后逐步扩展到中南的河南、湖北、湖南的西部地区。三线建设的实施主要体现在交通运输和工业建设两方面。

交通运输

在交通运输上，三线建设重点安排了川黔线（重庆—贵阳）、贵昆线（贵阳—昆明）、成昆线（成都—昆明）、湘黔线（株洲—贵阳）、襄渝线（襄樊—重庆）、焦枝线（焦作—枝城）、枝柳线（枝城—柳州）、太焦线（太原—焦作）、阳安线（阳平关—安康）、青藏线西宁至格尔木段 10 条铁路干线建设。同时，在四川、贵州、河南、湖南、山西等省布点新建和扩建了机车、车辆工厂和牵引动力工厂；除把铁路作为建设重点，还安排了新修和改造一批公路，并整治长江、金沙江等航道，改建、扩建了一些港口码头。

工业建设

煤炭工业：在煤炭工业方面，三线建设重点安排了贵州六盘水和陕西渭北煤炭基地建设，同时新建和扩建四川渡口、松藻和芙蓉，以及云南昭通、甘肃靖远、青海大通、宁夏石嘴山、河南平顶山、湖南涟邵、山西云岗和高阳等一批大中型煤矿。

电力工业：在电力工业方面，三线建设重点安排了四川龚咀和映秀湾、贵州乌江渡、甘肃刘家峡、青海龙羊峡、湖北葛洲坝等水电站建设，同时新建和扩建四川豆坝和华蓥山、贵州遵义、云南小龙潭、陕西秦岭、河南姚孟、山西神头等20多个火电站及相应的输变电设施。

石油工业：在石油工业方面，三线建设主要是加强油、气资源勘探，重点开发四川的天然气、湖北的江汉油田、河南的南阳油田，以及陕西、甘肃、宁夏地区的长庆油田，并在湖北荆门和湖南长岭新建大型炼油厂。

钢铁工业：在钢铁工业方面，三线建设重点安排新建四川攀枝花钢铁基地和江油长城特殊钢厂、河南舞阳钢厂、四川江油和宁夏石嘴山金属制品厂，扩建重庆、昆明、武汉钢铁公司和重庆、贵阳、西宁特殊钢厂，续建成都无缝钢管厂。

有色金属工业：在有色金属工业方面，三线建设重点安排建设贵州、郑州、兰州和青铜峡铝工业基地，甘肃白银和云南东川铜冶炼厂，甘肃金川镍工业基地，湖南铅、锌、锑、钨冶炼厂，以及重庆铝加工厂、西北铜加工厂和铝加工厂，宝鸡有色金属压延厂，以及四川、陕西的单晶硅厂和多晶硅厂。

国防科技工业：在国防科技工业方面，三线建设重点安排在四川建设核工业科研生产基地，在四川、贵州、陕西、湖北、湖南建设战略和战术导弹科研生产基地，在贵州、陕西、湖北建设歼击机、中型运输机和水上飞机科研生产基地，续建西安172厂及相应的辅机、仪表工厂和科研、试验、试飞基地，在重庆建设常规兵器工业基地，在河南、湖北、湖南西部和甘肃东北部及山西西南部建设火炮、炮弹、坦克等重型武器生产基地，在四川江津至湖北宜昌的长江上游、广西西江上游和云南东南部建设舰船和鱼雷科研生产基地，在四川、贵州、陕西、湖北、湖南等省新建通信、导航、计算机等电子装备和元器件、电真空材料、仪器仪表及专用设备制造等科研生产项目。

机械工业：在机械工业方面，三线建设重点安排新建湖北第二汽车制造厂、四川和陕西重型汽车制造厂，续建和新建德阳第二重型机器厂、东方电机厂、东方汽轮机厂、东方锅炉厂等大型水火电设备生产基地，在成都、重庆、昆明、宝鸡、汉中、天水、西宁等地新建和扩建精密机床厂，在重庆、贵阳、甘肃等地新建仪表厂、轴承厂和磨料厂、磨具厂；同时在各省区新建和扩建一批农机厂和机床电器、配件、基础件等配套工厂。

化学工业：在化学工业方面，三线建设重点安排在四川建设高分子合成化工研究院，在四川、贵州、云南、陕西、甘肃、宁夏、湖北、湖南建设大型化肥厂，在贵州、云南、湖北、四川建设大中型磷矿和磷化工厂，在青海新建钾肥厂，在湖北、湖南建设橡胶厂；同时对三线地区的基本化工原料、医药和农药生产项目也做了相应的安排。

轻纺工业：在轻纺工业方面，三线建设重点安排了新建重庆、云南、湖南的维尼纶厂，新建和扩建一批造纸、制糖、钟表、缝纫机、轻纺机械和军用绳索伞料工厂。

三线建设的历史成就

从 1964 年到 1980 年，国家为三线地区累计投资约 2 000 亿元，占全国同时期基本建设投资的 39%，是新中国成立后 15 年的投资总和的 2 倍。其中能源、交通占 45%，原材料工业占 32%，国防科技工业占 12%，其他加工工业占 11%。三线地区的工业固定资产由 292 亿元增加到 1 543 亿元，增长了 4.28 倍。职工人数由 325.65 万增加到 1 129.5 万，其中工程技术人员由 14.21 万增加到 33.95 万，分别增长了 2.47 倍和 1.39 倍。工业总产值由 258 亿元增加到 1 270 亿元，增长近 4 倍。三线建设不仅在交通闭塞、经济落后的西部地区修通了成昆等 10 条铁路干线，而且建成了大中型骨干企业和科研事业单位近 2 000 个，其中军工企业 600 多个，各具特色的新兴工业城市 30 个。三线建设基本实现了预定的目标，初步建成了以能源交通为基础、国防科技工业为重点、原材料工业与加工工业相配套、科研与生产相结合的战略后方基地，取得了举世瞩目的巨大成就，使我国生产力布局不合理的状况有了较大的改善，对保障国家安全、促进内地经济的发展，具有重要的战略意义，产生了深远的影响。

交通邮电建设

在三线建设中，国家把发展交通邮电事业放在先行地位，优先加以安排。1965 年至 1980 年，国家累计投资 296.08 亿元，新建铁路干线和支线 8 046 千米，新修公路 22.78 万千米，新增内河港口吞吐能力 3 042 万吨，新开邮路 153.64 万千米，长途电话电路 4 221 路，电报电路 803 路，电话交换总机 80.17 万门，使三线地区的运输和邮电通信的落后状况有了较大改善。

（一）铁路建设

1964 年 8 月，中央决定成昆铁路要快修，川黔、贵昆铁路也要快修，以形成连通云、贵、川三省的铁路运输网，之后又决定修建太原—焦作—枝城—柳州和青藏铁路等大干线。根据这些决定，以铁道部、铁道兵为主，并有国务院有关部委和地方领导同志参加的西南铁路建设总指挥部、焦枝铁路会战总指挥部、阳安铁路修建指挥部、青藏铁路建设领导小组先后成立，具体组织指挥三线地区的铁路建设。

在三线地区新建铁路，工程任务非常艰巨，有的跨越深谷大河，穿过崇山峻岭，有的经过浩瀚的千里戈壁和百里风区，有的通过沼泽地、盐湖和地震带，其地质之复杂，地形之险峻，工程量之大，技术难度之高，在世界筑路史上也是罕见的。广大筑路工人、工程技术人员、铁道兵指战员和地方民工，不避艰险、不怕困难、艰苦奋斗，攻克了一道道技术难关，克服了地形、地质、气候等各种恶劣自然条件，在那些过去难以逾越的地方，修建了条条钢铁运输线。他们相继建成川黔（重庆—贵阳）、贵昆（贵阳—昆明）、成昆（成都—昆明）、湘黔（株洲—贵阳）、襄渝（襄樊—重庆）、阳安（阳平关—安康）、太焦（同蒲路上的修文站—焦作）、焦枝（焦作—枝城）、枝柳（枝城—柳州）铁路和青藏铁路的西宁至格尔木段 10 条干线，同时还修建了一些支线和专用线，新增铁路 8 046 千米，占同期全国新增里程的 55%，使三线地区的铁路比重，由 1964 年占全国的 19.2% 提高到 34.7%；货物周转量增长了 4 倍多，占全国的 1/3。

他们在修建铁路新线的同时，对旧线进行了改造。增建京广、陇海、石太、包兰等干道在三线路段的复线铁路 3 800 多千米，占全国增建复线铁路的 38.3%。继 1961 年宝成铁路宝鸡至凤州段建成我国第一条全长 91 千米的电气化铁路后，1985 年共修建了 3 298.5 千米电气化铁路，占全国电气化铁路的 79.5%。新建和扩建昆明、怀化、郑州、成都等 15 个枢纽站场，占全国新建、扩建铁路枢纽站场的 1/3。他们对旧线的铁路、桥梁和隧道进行了整治，加强了单线技术改造，改进了通信、信号设备，主要干线铁路的旅客列车牵引动力实现电气化、内燃化，大大增强了运输能力。

为了适应铁路运输发展的需要，三线地区还建设了资阳内燃机车厂、眉山车辆厂、贵阳车辆厂、洛阳机车厂、永济电机厂等 16 个铁路机车、车辆和专用器材厂。1985 年的生产能力达到机车 390 台，货车 5 400 辆，分别比 1964 年增长了 6.78 倍和 21.36 倍。

（二）公路建设

公路运输是三线地区交通运输的重要方式。随着大规模三线建设的展开，公路建设得到较大发展，重点整修和改造了原有公路，修建了一些新的干线和支线，新增通车里程22.78万千米，比1964年通车里程增长了1.38倍，占同期全国公路新增里程的55.7%；新增民用汽车53.83万辆，比1964年民用汽车拥有量增加了5.54倍，占同期全国新增民用汽车的35.7%。20世纪80年代末，实现了县县通公路，95%的乡镇有了汽车运输，初步形成了以各省、自治区省汇为中心，连接广大城乡和伸向三线企业的交通运输网络。

（三）内河航运建设

三线地区主要有长江、黄河两大水系。黄河是我国第二大河，但水量季节变化大，泥沙多，通航里程短。长江是我国最大的内河水系，共有干流、支流3600多条，流域面积达180余万平方千米，流经三线地区青海、四川、云南、湖北、湖南5省约5000千米，通航里程有2000多千米。宜宾以上长3498千米段称金沙江，其流量较小，又多流经陡峭的山谷地带，水流湍急，险滩密布，1964年前仅新市镇至宜宾间107千米可季节性通航。宜宾以下为长江干流，全长2813千米，可全年通航。20世纪60年代以前，长江航道基本处于半自然状态，航运条件艰险，特别是宜宾至宜昌段，习惯称川江，多险滩和礁石，重庆至宜昌段险滩多达247处，尤以奉节至宜昌段最集中，其中最著名的是天险三峡。1964

年长江全线货运量仅 1 457 万吨，客运量 248 万人。

随着三线建设的开展，运量增长很快。1964 年由水路进入西南地区的物资只有 273 万吨，1965 年达到 670 万吨，增长了约 1.5 倍。为保证三线建设所需各种物资的运输，国家十分重视加强水上运输建设，主要是整治金沙江下游和其他支流航道，增强川江综合运输能力。同时，对长江主要港口进行了以半机械化为内容的技术改造，增强了港口的吞吐能力，提高了其作业效率。重庆港从 1966 年起改建、扩建了重件码头和散货码头，新建了水陆联运作业区和磷矿、钢铁、杂货码头，重庆港的泊位由 21 个增加到 43 个，年吞吐能力由 214 万吨提高到 524 万吨。除了武汉、重庆两个港口得到改造，沿江港口实行改建、扩建的还有：涪陵（泊位 11 个、年吞吐能力 31 万吨），万县（泊位 17 个，年吞吐能力 51 万吨），巴东（泊位 8 个，年吞吐能力 20 万吨），宜昌（泊位 20 个，年吞吐能力 159 万吨），枝城（泊位 24 个，年吞吐能力 255 万吨），沙市（泊位 30 个，年吞吐能力 62 万吨），监利（泊位 8 个，年吞吐能力 22 万吨），城陵矶（泊位 9 个，年吞吐能力 104 万吨），洪湖（泊位 21 个，年吞吐能力 2 万吨），阳逻（泊位 12 个，年吞吐能力 8 万吨）等港口。这些港口共有泊位 270 个，年吞吐能力 3 042 万吨。

在整治长江干流的同时，其主要支流也进行了治理。岷江的乐山至宜宾段整治了老木孔等 14 个浅滩，使之常年可通航 300 吨级船舶。对嘉陵江航道采取筑坝、疏炸礁石等方法进行整治，使重庆至南充 320 千米可通航 300 吨级船舶，南充至广元 240 千米可通航 100 吨级船舶。经过多年整治，湘江的航行条件大为改善：松柏至衡阳 56 千米的航段，常年可通航 60 吨以下船舶；衡阳至株洲 182 千米的航段，可通航 100 吨级船舶。汉江的丹江口至武汉段实现了夜航，可通行 500 吨级船舶。

此外，云南、贵州、湖南、陕西等省对域内的一些河流也进行了整治，使水运事业得到了发展。云南省开辟了由水富县穿金沙江入长江直达上海的航线，全长 2 884 千米。贵州省乌江、赤水河中下游可通航 100 吨级的机动船，直驶长江。陕西省完成了府谷至潼关段黄河航运的可行性研究，其中府谷至壶关段机动船已试航成功。

（四）邮电通信建设

为了保证人造卫星的成功发射试验，国家投资 1.8 亿元，建立了以酒泉试验基地为中心同十几个观测站之间近两万千米的通信联系。为了保证三线内迁和新建重点厂矿的通信需要，国家陆续设置了重点厂矿邮电支局，配套建设了这些厂矿的专用通信网络。为了提高三线企、事业单位的通信能力，1970 年 3 月，陕西至四川的微波通信开始建设，即 205 微波工程。经过半年的努力，四川省内首次建成了全长 378.5 千米的 600 路微波电路。同年，成渝间的 304 微波工程建成。1973 年到 1974 年又对 205 微波工程四川段进行续建整治。累计建成微波通信干线 1 180 千米、微波站 15 个。四川微波通信的建成，沟通了北京同西南、西北、华南的重点通信，并为发展多种通信手段并用的、现代化的电信网络奠定了基础。为了保证邮电战备通信设施的可靠性，国家共投资了超过4.5亿元，建设了一套远离城市、交通干线和重要军事目标的独立通信系统，先后新建了北京—兰州、兰州—合肥、北京—邵阳、重庆—上海、昆明—福州、大柴旦—拉萨、乌鲁木齐—兰州7条战备明线杆路，共长1.5万千米；同时，在山西、陕西、四川、湖北投资1.2亿元，建设了4座大型短波国际电台，并拨出专项投资7 000万元，建设了两个战备通信枢纽、230个干线郊外站和城市通信二级站。各省份也建设了一些"小三线"通信网，并将这些战备设施纳入平时通信网使用，推动了三线地区邮电事业的发展。

1966年至1980年三线建设时期，国家投资13.95亿元发展邮电通信事业，新增邮电服务局、所3 067处，新增邮路153.64万千米，新增长途电话电路4 221路、电报电路803路，新增电话交换总机80.17万门，初步形成了以各省份的省会和大城市为中心的，联结广大城乡的邮电通信网络。

能源工业建设

三线地区煤炭、水能和天然气资源丰富，具有发展能源工业的良好条件。能源工业是三线建设的重点之一，投资多达428.35亿元。经过多年的建设，三线地区形成了50多个统配煤矿区，新增原煤开采能力11 211万吨；建成68座大中型水、火电站，新增装机容量 1 872 万千瓦，高压输电线路 49 847 千米；开发了 8 个油田和天然气田，形成原油开采能力 556 万吨，天然气开采能力 64 亿立方米。三线地区能源建设的发展，对于促进内陆经济的开发起了重要作用。

（一）煤炭工业建设

三线煤炭工业的建设，自 1964 年 9 月起，从全国各省调集大批队伍，首先在西南的云、贵、川和西北的陕、甘、宁、青等省区拉开了大会战的序幕，并于 1970 年前后着重对湘西、鄂西、豫西"三西"地区进行建设。到 1980 年，国家累计投资 130.54 亿元，建成投产新井 465 处，炼焦洗煤厂 11 座，原煤开采能力比 1965 年翻了一番，洗煤能力增加了 4.1 倍。

在西南，煤炭工业建设主要是为配合攀枝花钢铁基地建设而展开的。其建设重点是贵州的水城、六枝、盘江（六盘水），云南的宝鼎（后划归四川省）和四川的芙蓉等新矿区，并对松藻、南桐等老矿区进行了扩建；同时建设的还有滇东的恩洪、来宾、羊场等中小型矿区。这些矿区的建设，由原煤炭工业部设在成都的三线建设指挥部统一领导，并在各矿区现场设立指挥机构进行统筹规划，采取老区带新区、老矿带新矿的办法，从建设到生产一包到底。如建设六盘水矿区时，由山东老矿包建水城，以开滦煤矿为主包建盘江，河南老矿包建六枝。参加建设的大军，从四面八方汇集到云贵高原的崇山峻岭之中，在极其艰苦的条件下，建成了年产原煤

1 000 万吨能力的大型矿区。

在西北陕、甘、宁、青 4 个省份，煤炭工业建设除陕西（主要是渭北）由于交通和运输流向等原因自成体系外，甘、宁、青 3 个省份是作为一个产、运、销统一体系来安排的，分别成立了渭北煤炭工业公司和贺兰山煤炭工业公司负责建设。渭北煤炭工业公司包括陕西的铜川、韩城、蒲白、澄合等矿区，这一带素有"渭北黑腰带"之称，是西北煤炭开发的重点地区。到 1970 年，其建设规模达到 51 处、1 227 万吨。贺兰山煤炭工业公司重点是建设宁夏石炭井的呼鲁斯太、汝箕沟矿区和甘肃靖远矿区。经过 10 年建设，4 省区拥有约 3 000 万吨原煤生产能力，比 1964 年增长了 3 倍，形成了石炭井、石嘴山、铜川、韩城、蒲白、澄合、靖远等大中型矿区。

在豫西、鄂西、湘西，三线建设初期，豫西作为老区曾抽调力量支援新区的建设，1970 年其才规划改造、扩建和新建一批矿井。到 1980 年，国家累计投资这批项目 21.2 亿元，建成了平顶山、焦作、鹤壁、义马、新密等大、中型矿区，使河南原煤产量由 1964 年的 1 654 万吨增长到 5 625 万吨。鄂西、湘西经过三线建设，建成了涟邵等矿区，湘鄂两省的原煤产量于 1980 年达到 2 783 万吨，比 1964 年增长了 3.35 倍。

在山西，煤炭工业已有相当的基础。三线建设初期，山西主要是支援西南、西北地区的重点矿区建设，本身的开发强度有所减弱。1972 年，云岗、高阳两处开始新建；其后，又正式开发古交矿区，并对一些老矿进行改造、扩建，使山西原煤产量于 1980 年达到 12 103 万吨，比 1964 年增长了 3.36 倍。

三线各省份在集中建设重点矿区的同时，还改建、扩建和新建了一批中型煤矿。如云南省扩建了禄丰—平浪煤矿、宣威羊肠煤矿和开远小龙潭煤矿；四川省新建了珙县、芙蓉、华蓥山、广旺煤矿，扩建了重庆松藻、南桐、天府和永荣煤矿等。这段时间，各地根据资源的投资情况，又相继改建、扩建和新建了一批小型煤矿，以解决自身经济发展和民用燃料的需求。在三线建设中，已经建成并具有代表性的矿区有贵州六盘水和陕西渭北大型煤炭基地。

（二）电力工业建设

国家对三线地区的电力工业投入了大量的人力、物力和财力，累计投资 185.34 亿元，新建了 10 万千瓦以上的电站 68 座，其中水电站 18 座，占全国的 40%。三线地区建成发电装机容量 1 872.4 万千瓦，比 1964 年增长了 4.3 倍；水电装机容量 815.2 万千瓦，比 1964 年增长了 13.4 倍。1980 年的发电量达到 1 020.7 亿度，占全国的 33.9%，比 1964 年增长了 7.5 倍。

新建的重要水电站中，有湖北的葛洲坝（271 万千瓦）、丹江口（90 万千瓦），甘肃的刘家峡（116 万千瓦）、碧口（30 万千瓦），青海的龙羊峡（128 万千瓦），四川的龚嘴（70 万千瓦）、映秀湾（29.5 万千瓦），贵州的乌江渡

（63万千瓦），湖南的凤滩（40万千瓦）、柘溪（45万千瓦），云南的以礼河（32.2万千瓦）等。新建的火电厂中，有河南的姚孟（90万千瓦）、焦作（64.8万千瓦），山西的神头（92万千瓦），陕西的秦岭（105万千瓦）、韩城（40万千瓦），四川的华蓥山（30万千瓦）、渡口（30万千瓦）、豆坝（20万千瓦），贵州的水城（5万千瓦）、清镇（15万千瓦），云南的小龙潭（10万千瓦）等。

随着发电能力的迅速增强，一批输变电工程相应建成，共建成110至500千伏安输电线路49 847千米，变电容量3 936万千伏安，及时地实现了省份内和省份间的相互联网。甘肃和陕西之间，新建了我国第一条330千伏级超高压输变电工程，即刘家峡—天水—关中输变电工程，线路全条534千米，送电能力42万千瓦。同时，河南、湖北之间，新建了我国第一条500千伏的超高压输变电工程，自河南平顶山姚孟电厂引出，经湖北荆门附近的双河变电站，到武昌的凤凰山变电站，线路全长594.88千米，输送容量为120万千瓦。

在国家集中力量建设大中型电站的同时，各省份还因地制宜地建设了一批中小型水、火电站，对缓解三线地区电力供应紧张的压力起了重要作用。

（三）石油工业建设

为适应战备需要，改变中国主要油田分布在东北和沿海的状况，从1965年开始，石油、天然气勘探的重点移到了川、鄂、陕、甘地区，先后进行了四川石油、天然气勘探开发会战、湖北江汉油田会战、陕甘宁地区长庆油田会战、河南油田开发建设四次规模较大的会战。

三线建设开始,从全国各地石油企业调集了 4 万人的队伍和大批设备,组成 101 个钻井队、34 个地震队和相应的油建、运输、机修等力量,以四川盆地的油、气勘探为重点,先后在川南、川西北和川东进行了勘探,并同时进行了大规模的气田和输气管道建设。新发现的川西北中坝气田和川南、川西南气田,特别是川东地区的石炭系天然气藏,使四川天然气勘探取得了新的突破。从 1966 年至 1978 年,四川地区共获得气田 30 个、油田 2 个,天然气储量有了很大增长。1978 年,天然气产量达到 61.7 亿立方米,比 1965 年的 8.9 亿立方米增长了 5.93 倍。产气区域由川东、川西南发展到川西北和川南,实现了连片供气。

1969 年 6 月,由石油工业部、武汉军区和湖北省组成会战指挥部,调集 11 万余人和 1 万多台设备,展开了江汉地区石油会战。从 1969 年 8 月开始到 1972 年 5 月结束,建设共完成地震剖面 2.9 万千米,钻井 1 065 口,进尺 198.8 万米,获工业油、气井 145 口,发现 6 个油田、1 个气田和一批含油构造,形成了年产原油 100 万吨的能力,1972 年生产原油 13.7 万吨、天然气 880.3 万立方米。1972 年 5 月,江汉石油管理局成立,转入正常的开发建设。到 1978 年年底,共建成 8 个油田,并在鄂西建南发现了工业性天然气流,江汉地区原油年产量达到 105.6 万吨,天然气产量达到 1 611 万立方米。

1970年10月，陕甘宁盆地的石油会战，从各有关方面抽调了5万多人，在盆地南部10多万平方千米的地域内进行了勘探，先后攻克了厚层黄土高原地震勘探和钻井技术等难关，于1971年在马岭地区找出了110口油井，大约控制了300平方千米的含油面积；同时，在华池、城壕、南梁、吴旗也打出了油井。到1975年，盆地南部中生代的石油资源被探明，3个油田被发现，基本形成了现在长庆油田的规模，并转入了以开发建设为主的阶段。到1978年年底，全油田的原油年生产能力达到122万吨，当年原油产量达到60.7万吨，同时还建成了144千米的输油管道，实现了长庆油田原油外运的目标。

1966年至1980年，除上述大规模的石油、天然气勘探活动，河南南阳地区还发现和开发了魏岗、双河、下二门油田。1978年生产原油167.4万吨。青海柴达木盆地、河南东濮凹陷的一些构造上的钻探也获得了工业性油流。

经过广大建设者的艰苦奋战，三线石油工业建设取得了重要成果，相继发现油田29个、气田32个，形成了中原、南阳、江汉、四川、青海、玉门、长庆、延长八个石油和天然气生产基地，建成556万吨原油开采能力和1 442万吨原油加工能力，分别比1964年增长了9.9倍和7.6倍；建成65亿立方米天然气生产能力，比1964年增长了9.2倍。

原材料工业建设

三线地区蕴藏着丰富的矿产资源，具有发展原材料工业的优越条件，但开发程度很低。1964 年，原材料工业的固定资产原值仅为 92.55 亿元。三线建设时期，国家投资 530 亿元，大力发展原材料工业。经过 10 多年建设，三线地区已形成具有相当规模的、大中小相结合的原材料工业体系，其无论在产量、质量、品种和技术等方面，都发生了巨大变化，成为三线地区经济发展的一个重要支柱产业。

（一）钢铁工业建设

三线建设决策做出后，国家决定将钢铁工业的重点由东北、华北地区转向西南、西北地区，先后新建和改、扩建了一批钢铁企业。新建项目主要有：攀枝花钢铁公司、长城钢厂、水城钢铁厂、西宁钢厂、陕西钢厂、舞阳钢厂、重庆钢铁公司、刘家坝中板厂、西宁特殊钢厂、西北碳素厂、宁夏石嘴山金属制品厂优质钢丝绳车间和针布钢丝车间、西安金属制品厂优质钢丝车间和精密合金车间，以及一批矿山、耐火材料、铁合金、碳素制品、冶金机修等企业；续建和改建、扩建了一批原有的钢铁企业，如武汉钢铁公司、大冶钢铁公司、太原钢铁公司、湘潭钢铁厂、成都无缝钢管厂、重庆特殊钢厂、贵阳钢铁厂、陕西钢铁厂等，以及部分地方中、小型钢铁企业。新建和改扩建了一批铁矿山，如武钢鄂东四矿、太钢峨口铁矿、攀钢兰尖铁矿、重钢綦江铁矿、水城观音山铁矿，以及一些地方的骨干铁矿。

三线建设期间，国家对三线地区钢铁工业的基本建设总投资达146.7亿元，技术改造投资为48.94亿元，占全国钢铁工业同期基本建设投资的40.2%和技术改造投资的29.3%，到1980年年底，三线地区拥有钢铁工业企业1 077个，占全国钢铁工业企业数的40.1%；形成固定资产原值172.9亿元，占全国钢铁工业固定资产原值的39.5%，比1964年增长了4.9倍；形成矿石采选能力2 400万吨，占全国铁矿采选能力的20.2%；炼铁能力达到1 248万吨，占全国炼铁能力的31.4%；炼钢能力达到1 161万吨，占全国炼钢能力的29.57%；轧材能力1 181.6万吨，占全国轧材能力的39.4%；铁合金冶炼能力44.7万吨，占全国铁合金冶炼能力的32.7%。1980年主要产品产量：铁矿石2 820.4万吨，比1964年增长了10.6倍，占全国的24%；生铁1 180.8万吨，比1964年增长了5.6倍，占全国的31.1%；钢1 091.2万吨，比1964年增长了5倍，占全国的29.4%；钢材746.1万吨，比1964年增长了6.4倍，占全国的27.5%；焦炭1 526.4万吨，比1964年增长了3.7倍，占全国的35.2%。1980年钢铁工业总产值达到78.69亿元，比1964年增长了4.5倍，占全国的26.3%；利税总额15.71亿元，比1964年增长了4.6倍，占全国的21.7%。

（二）有色金属工业建设

在三线建设期间，国家对三线地区的有色金属工业累计投资超过 100 亿元，搬迁和新建了一批主要为军工、电子、机械、化工等部门配套的有色金属工业企业。到"五五"计划结束时，在铜工业方面，相继建成了中条山、东川、易门等十几个重点矿山，建设了白银、大冶、云南等大型冶炼厂和西北、洛阳两个铜加工厂，形成了比较完整的铜工业生产体系。铝工业方面，利用河南、贵州丰富的矿产资源，建成了郑州铝厂和贵州铝厂，形成了近 100 万吨氧化铝的生产能力；利用甘肃、宁夏、贵州等省份的电力资源，陆续建成了贵州、兰州、青铜峡、连城等电解铝厂和一批中、小型铝厂，重点建设了西北、西南两个铝加工厂。铅锌工业方面，除改造扩建了水口山矿，还重点新建了一批铅锌矿和冶炼厂，如会东、桃林和黄沙坪铅锌矿，株洲、白银小铁山冶炼厂等。钨、钼、锡、镍、镁、钛、金、银及稀有金属工业方面，也都分别进行了改建、扩建和新建，建成的骨干企业有宝鸡有色金属加工厂、宁夏有色金属冶炼厂、遵义钛厂、峨眉半导体材料厂、华山半导体材料厂、金川有色金属工业公司、金堆城钼业公司等。

到 1980 年年底，三线地区共有有色金属工业企业 945 个，占全国有色金属工业企业数的 41.4%，比 1964 年增长了 4.3 倍；拥有固定资产原值 79.8 亿元，占全国有色金属工业固定资产原值的 55.3%，比 1964 年增长了 3.6 倍。有色金属工业主要产品年生产能力：电解铜 22.52 万吨，占全国的 51.2%；电解铝 24.5 万吨，占全国的 52.6%；电解铅 832 万吨，电解锌 12.18 万吨，分别占全国的 44.8% 和 77.7%。1980 年，三线地区铜、铝、铅、锌、镍、锡、锑、汞、镁、海绵钛 10 种有色金属的产量达到 62.64 万吨，占全国产量的 50.2%，比 1946 年增长了 5.4 倍；工业总产值 50 亿元，占全国有色金属工业总产值的 38%，比 1964 年增长了 4 倍；实现利税 10.62 亿元，占全国有色金属工业利税总额的 46.9%，比 1964 年增长了 3.4 倍。

（三）化学工业建设

在三线建设中，化学工业的建设是围绕军工配套和支援农业这两个主攻方向展开的。1965 年至 1980 年，国家累计投资 145.45 亿元，新建、迁建和改建扩建了一批工厂及科研院所。到 1980 年，三线地区共有化工企业 2 271 个；职工 86.15 万人，其中工程技术人员 2.55 万人；工业总产值 146.5 亿元，比 1964 年增长了 6 倍，占全国化学工业总产值的 23.5%。

医药工业：四川、陕西、甘肃和中南地区陆续新建、扩建了一批药厂，如西南合成药厂、四川长征制药厂、西北合成药厂、西北第二合成药厂、中南制药厂、湖北制药厂等，沿海部分工厂和车间也搬迁到三线地区进行建设。1980 年，三线地区拥有化学药品工业企业 393 个，占全国的 24.5%；化学药品（原药）产量 9 888 吨，占全国的 24.6%；中成药 3.1 万吨，占全国的 30.1%；药品工业总产值 15.74 亿元，占全国的 23%。此外，三线地区还建设了一批制药机械厂。

油漆工业：在改造重庆、西安老企业的同时，西北油漆厂和兰州涂料科研所也进行了重点迁建，并且长沙、襄樊、开封、贵阳、遵义、昆明等地新建了一批油漆厂。到1980年，三线地区形成油漆生产能力16万吨，占全国的25.6%。

橡胶工业：1965年，上海、青岛和沈阳的橡胶厂部分搬迁到银川、贵阳，分别建成了年产30万条轮胎的工厂。1966年至1972年，河南、湖北、湖南、云南、山西等省相继新建了一批橡胶厂和轮胎厂，同时还改造了一批老企业；组建了炭黑、橡胶、乳胶等科研机构。到1980年，三线地区橡胶加工企业共811个，产值20.93亿元，占全国的22.5%；合成橡胶生产能力达6.2万吨，占全国的44%；轮胎生产能力366.8万条，占全国的22.7%，其中大型汽车和工程车胎占44.5%。

化学肥料工业：三线地区的化肥工业主要是氮肥和磷肥。国家先后引进的17套大型现代化合成氨装置，有8套建设在四川、云南、贵州、湖北、湖南、山西、宁夏等省份。15万吨合成氨以下的小氮肥厂各省份都有。三线磷肥工业建设重点是云南、贵州、湖北、四川和湖南，已建成株洲、昆明、成都等大型磷肥生产中心，小型磷肥厂在三线各省份都有分布。钾肥的建设重点在青海格尔木和云南思茅。到1980年，三线地区共有化肥工业企业1 376个，形成农用化肥生产能力596.49万吨，占全国的42.9%，其中氮肥468.24万吨、磷肥128.09万吨，分别占全国的42.1%和46.1%；工业总产值达 41.41 亿元，占全国化肥工业总产值的 39.5%。

酸碱工业：株洲、白银、开封等几个较大的硫酸生产中心和太原、成都等中型硫酸厂建成。兰州建成我国最大的硝酸生产中心，湖南、四川和山西建有大、中型硝酸厂。纯碱生产中心建在自贡和应城，并在陕西、山西、河南、湖南等省建成了一批小型联碱厂。三线各省份都建有不同规模的烧碱企业。大型烧碱厂建在湖南株洲和四川长寿，中型烧碱厂主要分布在西安、武汉、遵义。1980 年的生产能力：硫酸 316.15 万吨、浓硝酸 24 万吨、盐酸 26.3 万吨，分别占全国的 34.5%、50% 和 23.1%；纯碱 25 万吨，占全国的 16.2%；烧碱 46.46 万吨，占全国的 21.6%。

化学矿山：1965 年以来，国家投资近 7 亿元在云南建设了我国最大的、年产 250 万吨的昆阳磷矿，在贵州建设了年产 150 万吨的开阳磷矿，在湖北建设了年产 100 万吨的荆襄磷矿，在四川建设了年产 100 万吨的金河磷矿，在湖南建设了年产 80 万吨的浏阳磷矿。四川、山西还建设了一批中、小型硫铁矿。1980 年，三线地区磷矿、硫铁矿生产能力分别达到 892.8 万吨和 286.5 万吨，分别占全国的 89.2% 和 52.9%。

（四）建材工业建设

大规模的三线建设促进了三线地区建材工业的迅猛发展。1965 年至 1980 年，国家对三线建材工业的投资为 32.8 亿元，新增水泥生产能力 2 732 万吨，占全国同期新增能力的 39.2%；新增平板玻璃生产能力 671.8 万标箱，占全国同期新增能力的38.7%。到1980年，三线地区建材工业的固定资产原值达到67.5亿元，比1964年增长了4.6倍，占全国建材工业固定资产原值的34%。

重点建设的大中型建材企业有：峨眉、渡口、水城、湘乡、开远、光化、新化、贵州、荆门、大通、武山等水泥厂，株洲、洛阳、兰州、昆明、四川等玻璃厂和四川石棉矿、青海茫崖石棉矿，以及昆明玻璃纤维厂、四川玻璃纤维厂、贵阳大理石厂等。改扩建的大、中型建材企业有重庆、洛阳、耀州区、昆明、太原等水泥厂。

国防科技工业建设

国防科技工业是我国三线建设的重点，包括核工业、航空工业、航天工业、兵器工业、电子工业和船舶工业。1964年至1980年，国家累计投资超过193亿元，在三线地区初步建成了具有相当规模、门类齐全、生产和科研相结合的国防科技工业体系。到1980年年底，三线地区的国防科技工业拥有企事业单位868个，比1964年增长了3.64倍；职工143.6万人，比1964年增长了2.15倍，其中工程技术人员17.93万人，比1964年增长了2.42倍；固定资产原值231亿元，比1964年增长了3.15倍。常规武器的生产能力占全国的一半多，战略武器的生产、科研和试验设施大部分都在三线地区。

（一）核工业建设

1965 年到 20 世纪 70 年代中期，是中国核工业调整战略布局、建设三线新基地的阶段。在三线建设期间，核工业共安排 45 项工程，投资 54.3 亿元。这批项目完全是由我国自行设计、自制设备和自主建设的，采用了国内外近 500 项科技成果，接近当时国际上的先进水平。经过大规模的三线建设，三线地区形成了从铀矿开采、水冶、萃取、元件制造到核动力、核武器研制及原子能和平利用等比较完整的核工业科研生产系统，具有相当的科研生产能力，改变了战略布局。

（二）航空工业建设

1964 年，第三机械工业部决定，停、缓建一、二线在建项目，集中力量进行三线建设。从上海、天津、南京等地内迁一批辅机厂到三线地区，两三年里，航空工业的 20 万职工有 4 万人迁移到三线地区。航空工业先后在陕西、四川、贵州、湖北、湖南展开了几个重要生产科研基地的建设，累计投资 30.18 亿元，新建和扩建了 125 个项目，主要有：贵州歼击机生产基地，歼七飞机、歼七教练机是其研制的主要成果；陕西大型运输机生产基地和飞机试验试飞中心，负责研制"运八"运输飞机、"运八"海上巡逻机和特种运载机；四川飞机设计、发动机高空模拟试验和风洞试验基地，以及一批仪器仪表厂；在湖北建设了飞机附件、弹射救生装置和水上飞机的设计、生产单位；在湖南新建了几个配套专业厂等。这些项目的建成，使三线地区的航空生产能力大大提高，占到全国的 2/3，中国航空工业的战略布局得到了较大的改善。

（三）航天工业建设

三线地区的航天工业为适应国际形势，满足我国航天工业调整布局的战略需要，从 1965 年到 1976 年，按照型号为主、地区成套的原则进行建设。国家累计投资 23.66 亿元，建成 96 个项目，形成了比较完整的战术导弹和中、远程运载工具的研制基地，建成了具有先进水平的发射中心。

三线航天工业职工人数、固定资产和设备拥有量均占全国的一半以上。已建成的项目技术装备比较先进，精、尖、贵、稀设备较多，引进设备不少，有些还是全国独一无二的。二十多年来，三线航天工业先后研制成功中程、中远程洲际运载火箭和地空、海防战术导弹。其中，061 基地是我国规模最大、配套齐全的战术导弹生产和科研基地，其 1965 年开工兴建，1970 年基本建成；062 基地是研制洲际导弹的大型企业集团，其 1970 年 3 月动工兴建，1975 年前后陆续投产；还有 063、067、066 航天工业基地等，都为祖国的导弹和航天事业做出了重要贡献。

（四）兵器工业建设

兵器工业的三线建设，主要是按照改善布局、扩大品种、增加产量、提高水平的原则规划的。到 1980 年，国家累计投资 40.69 亿元，建成了 75 个项目。兵器工业建设采取将东北、华北等地区的老厂"一分为二"内迁和三线地区的老厂包建新厂等办法进行。1965 年至 1967 年，三线地区首先建设以重庆为中心的常规兵器工业基地，贯彻了"搬""分""包"和尽量利用原来的军工厂，进行改建、扩建的方针，共建了 26 个项目；接着建设了豫西、鄂西、湘西三个兵器工业基地；1970 年前后，又着手建设晋南坦克研制基地和豫北高炮基地，并在三线其他省份安排了一批增产和配套项目。三线兵器工业基地不仅能够大批量生产轻武器，而且能够生产相当数量的航炮、舰炮、火箭炮、大口径地炮、自行火炮、水陆坦克、火箭布雷车及各种大口径炮弹等重武器，改善了我国兵器工业的战略布局。

（五）电子工业建设

三线建设时期是内地电子工业发展的重要历史时期。1965 年到 1980 年，国家累计投资 25.72 亿元，占同期全国电子工业投资的 58.1%；开工项目 103 个，建成 89 个，其中大中型骨干企业 72 个。三线电子工业的发展改变了电子工业原来过于集中在沿海地区的不合理布局。到 1980 年，三线地区电子工业的企业单位个数、形成的固定资产、职工人数、工程技术人员均占全国的一半以上。三线电子工业初步形成了生产门类齐全、元器件与整机配套、军民品兼容、生产科研结合的体系。18 大类军用产品，如各种雷达、指挥仪、导弹地面设备、无线电通信设备、侦察干扰设备、电子对抗设备、敌我识别设备、电话通信指挥设备、军用计算机、原子射线仪器和为飞机、舰艇、常规武器、战略武器配套的电子设备，以及人民生活需要的中、高档民用产品，三线地区都能研制和生产。有些产品，如雷达、磁头、扬声器、磁性材料、卫星地面接收天线等，已经打入国际市场。

三线电子工业项目主要分布在四川、贵州等省，其中四川电子工业基地、贵州电子工业基地是两个最大基地，三线调整后，其声誉享誉国内外。

（六）船舶工业建设

船舶工业的三线建设于 1965 年和 1971 年两次安排建设，中间经过调整，停建、缓建一批，最后建成 40 个项目，形成我国内地的舰船生产科研基地。主要基地有川东船舶工业基地、宜昌船舶工业基地和云南船舶工业基地。到 1980 年，船舶工业建设的三线建设累计投资 16.45 亿元，占同期全国船舶工业投资的一半；拥有企业事业单位 67 个，占全国的48.2%；固定资产原值 18.76 亿元，占全国的 52.4%；职工10.25 万人，其中工程技术人员 1.41 万人，分别占全国的35.2% 和 33.6%。其生产能力在船舶工业系统的比重：战斗舰艇吨位占 23.8%，船用柴油机占 78.1%，舟桥占 60%，鱼雷和潜望镜占 100%，特辅机械占 50%，其中船用升降装置和鱼雷发射装置占 100%，精密导航仪表占 35%。

机械工业建设

三线地区机械工业的建设，是按照既能为军事工业配套，又能为国民经济提供重要装备的原则进行规划的。1965 年至

1980 年，机械工业在三线地区累计投资 94.72 亿元，相当于这一时期全国机械工业投资的 53%。通过三线建设，三线地区机械工业的实力有了很大增强，固定资产原值由 1965 年的 32.6 亿元，增加到 1980 年的 146.3 亿元，增长了 3.5 倍，占全国的 39.5%；各种机床由 1965 年的 5.6 万台，增加到 1980 年的 20.8 万台，增长了 2.7 倍，占全国的 32.2%；职工由 1965 年的 33.5 万人，增加到 1980 年的 138 万人，增长了 3.1 倍，占全国的 34.5%。到 1985 年，三线机械工业的总产值由 1965 年的 19 亿元上升到 206 亿元，增长了 9.8 倍，占全国的比重由 19% 上升到 27%。

为了争取时间，一批企事业单位从沿海地区向三线地区进行了援建和迁建。在三线建设期间，先后搬迁 241 个工厂、研究所和设计院，内迁职工达 6.3 万人，设备 1.77 万台（套）；同时，新建和扩建了大中型项目 124 个，建筑面积 1 720 万平方米，安装机床 2.5 万台、锻压设备 4 200 台。

机械工业的三线建设改变了原来机械工业集中在沿海地区的布局，初步形成了以四川、贵州、云南为主的西南基地；带动了以湖北"二汽"为中心的华中新机械工业基地和西北一批工业城市和企业的崛起。其具体有：一是汽车制造工业，如新建了第二汽车制造厂、陕西汽车制造厂、四川汽车制造厂三个骨干企业，同时还在陕西、湖北、四川等省新建和扩建了一批重要的配套工厂，形成了军民结合的轻型、重型汽车批量生产能力，汽车的年产量占全国的 1/3；二是重型机械制造工业，在四川、陕西、甘肃、湖南、宁夏等地新建了12个重型机器、矿山、起重、压延、工程机械制造工厂，产品产量由1965年的2.2万吨，增加到1980年的28.4万吨，增长了11.9倍，使三线地区形成了较强的重型机械制造力量；三是电机电器制造工业，重点建设了四川东方电机厂、东方汽轮机厂、东方锅炉厂、东风电机厂等骨干企业，同时在四川、陕西、甘肃、河南、贵州、湖北、云南等地新建和扩建了一批变压器、高压开关、高压电器、低压电器、电线电缆和电工厂，初步形成了电机电器工业的制造体系，发电设备的生产能力由1965年的2万千瓦增加到1985年的149万千瓦，占全国的比重由3%提高到28%；四是机床工具制造工业，在三线地区共新建了16个骨干企业，能成批生产仪表机床、坐标镗床、轧辊机床、龙门刨床、转塔机床、插齿机、数控机床、机车车辆专用机床、组合机床、加工中心等产品，并相应建设了一批工具企业，在贵州建成了磨料磨具生产基地，到1985年，机床产量由1965年占全国的15%提高到24%；五是仪器仪表制造工业，新建了四川仪表总厂、贵阳新天精密光学仪器总厂、甘肃光学仪器总厂等骨干企业，同时在各省、区还建成了一批电表、仪表、试验机工厂和自动化、仪表材料研究所，使三线地区形成了较强的仪器仪表科研生产能力；六是拖拉机和内燃机制造工业，新建和扩建了四川、陕西、河南、贵州、云南、湖南、青海等地的一批中小型工厂，使三线各省、区基本形成了相互配套的农机工

业体系，其年生产能力达到大中型拖拉机 3 万台（1980 年），
占全国的 29.1%，小型拖拉机 20 万台（1985 年），占全国的
25.9%，内燃机 1 050 万马力（1985 年），占全国的 20.4%。

轻纺工业建设

三线建设时期，国家在加强重工业建设的同时，还兴建
了一批轻工和纺织企业。1980 年，三线地区轻纺工业企业达
到 85 849 个，占全国轻纺工业企业总数的 31%，比 1964 年
增长了 2.2 倍；固定资产原值达到 213.9 亿元，占全国的
27.9%，比 1964 年增长了 4.8 倍；工业总产值达到 782.2 亿
元，占全国的 33.4%，比 1964 年增长了 4.9 倍。形成的主要
生产能力：棉纺锭 579.2 万锭，占全国的 32.5%；化学纤维
9.67 万吨，占全国的 18.6%；机制纸及纸板 152.9 吨，占全
国的 25.8%；合成洗涤剂 13.93 万吨，占全国的 29%；缝纫
机 175.2 万架，占全国的 19.1%；自行车 128.3 万辆，占全
国的 9.1%；手表 209 万只，占全国的 9.9%；机制糖 48 万
吨，占全国的 14.5%；原盐 307.2 万吨，占全国 17.4%；卷
烟 562.3 万箱，占全国的 41.1%。三线地区的轻纺工业，已
经形成门类比较齐全、产品配套基本成熟、具有一定生产技
术水平的重要生产部门，初步改变了过去轻纺产品绝大部分
靠沿海地区供应的状况。

轻工业建设：从 1965 年开始，为了配合大规模三线建设
和满足人民生活的需要，轻工业部门在三线地区重点建设了

一批纸、糖、盐、自行车、缝纫机、手表、合成洗涤剂、塑料制品、皮革制品等短线产品的项目，进一步促进了轻工业所需的专用设备和原材料生产的发展。这些大中型建设项目，除一部分是新建的外，多数是从沿海城市分别内迁到陕西、甘肃、宁夏、青海、云南、湖北、湖南等地进行改建和扩建的。例如，陕西缝纫机厂、西安风雷仪表厂、西安红旗手表厂、西安钟表元件厂、湖北沙市热水瓶厂、青海铝制品厂、云南玉溪卷烟厂、甘肃兰州搪瓷厂等，都是在沿海内迁的基础上进行改造扩建而发展起来的。这些企业有的填补了三线地区产品和行业的空白，有的发展成为生产出口产品的专业厂。

纺织工业建设：三线建设时期，纺织工业部本着就原料、就市场、就劳动力和兼顾边远地区、少数民族地区的布局原则，在三线地区新建和改建、扩建了一批棉纺织、毛纺织、麻纺织、丝绸、印染、针织、化学纤维和纺织机械工厂，使纺织工业各行业的生产能力大幅度增强。首先，从着重发展纺织机械工业开始，沿海地区制造关键设备和关键零部件的工厂，采取"一分为二"的办法，分迁一部分领导干部、技术骨干和设备到三线地区，在黄石、宜昌、白银、渭南、邵阳、常德新建了六个纺织机械厂；为了适应化纤工业的发展，1968 年又在邵阳建设了规模较大的第二纺织机械厂。纺织机械工业先行，给纺织厂建设创造了条件，拥有 5 万以上纱锭的湖北宜昌棉纺厂和荆沙棉纺厂、湖南常德棉纺厂、四川达县棉纺厂、河南洛阳棉纺厂等相继建成投产；同时，一批老企业进行了扩建和改造，使三线地区的棉纺锭占全国的比重上升1/3以上，并与织布、印染形成配套，基本形成了五个地区性的棉纺织工业生产基地：一是以武汉为中心的湘鄂基地，包括沙市、湘潭、长沙、黄石、襄樊、宜昌、蒲圻等地，拥有纱锭132万枚，年产棉布达到9 500万米；二是以郑州为中心的河南基地，包括新乡、安阳、开封、洛阳等地，其中郑州市拥有50万纱锭，纺织机械制造能力亦很强；三是以西安为中心的关中基地，包括咸阳、宝鸡、蔡家坡（岐山）、兴平、渭南等地，拥有85万纱锭、1万多台织布机，纺织设备拥有量居全国第四位；四是以重庆市为中心的四川基地，包括成都、自贡、内江、合川、广元、遂宁、南充、达县、万县等地，拥有棉纺锭85万枚、织布机2.87万台和印染能力3.5亿米，基本上能够满足四川省的需要；五是以太原为中心的山西基地，包括榆次、介休、临汾等地，其棉纺产品已能满足省内需要，改变了依靠外省调入的局面。此外，甘肃兰州、宁夏银川、青海西宁和贵州、云南建设了一批中小型棉纺厂。

在发展棉纺织工业的同时，三线地区的毛、麻、丝纺织工业、丝绸纺织工业、化学纤维工业等也有了一定发展。

经过十多年的发展，1980年与1964年相比，三线地区纺织工业拥有固定资产原值 56.23 亿元，占全国的 26.8%，增长了 2.6 倍；工业总产值 160 亿元，占全国的 21.7%，比 1964 年增长了 23.8 倍。主要纺织产品产量：棉纱 93.34 万吨，棉布 43.3 亿米，呢绒 1 513 万米，毛线 10 458 吨，麻袋 7 837 万条，丝 8 303 吨，丝织品 9 236 万米，化学纤维 7.27 万吨。

工业城市建设

三线建设的展开，给内地一些城市带来了发展机遇，促进了许多城市的兴起和繁荣，从而带动了三线地区经济和社会的发展。一批新兴的工业城市在边疆内荒山僻壤中拔地而起，如攀枝花、六盘水、十堰、金昌；一批古老的历史县乡城镇兴建起现代工业，如绵阳、德阳、自贡、乐山、泸州、广元、遵义、都匀、凯里、安顺、曲靖、宝鸡、汉中、铜川、天水、平顶山、南阳、襄樊、宜昌、侯马、格尔木等；一批中心城市得到进一步发展，如太原、昆明、成都和重庆等。

三线建设的历史意义

三线建设的成绩对当时、对当今我国社会经济发展产生的宏观效益是不可估量的。

三线建设成功地在我国内陆建设起比较完整的国防工业基地，极大地提高了我国的国防实力，对国家安全起到了重要保障作用

三线建设主要的、直接的目标是在我国的西南、西北地区建设起一个基本上配套完整的国防工业战略后方基地。经过十几年的努力，预定的目标基本上实现了。这一时期，国家在三线地区的国防科技工业上投入了大量的资金，其他产业部门，如交通、能源、冶金、通信等的项目安排，大多是围绕国防工业、为国防工业配套服务的。三线地区原来几乎是一片空白的基础上，建成了有 800 多个企事业单位，固定资产 270 多亿元，职工 1 135 万人的国防工业战略后方基地，聚集了占全国国防科技工业 1/3 以上的科研院所和 40% 以上的科技人员，其生产能力占全国国防科技工业能力的 50% 以上。其中，核工业能力占全国的 2/3，航空、电子工业能力占全国的 60%，兵器、航天工业占 50%，船舶工业占 1/3。整个三线地区国防工业门类齐全，综合配套能力强，形成了战略核武器、洲际导弹、核潜艇动力装置、军用飞机（歼击机、轰炸机、运输机）、常规兵器（枪、弹、炮、炸药、各种作战车辆）、通信导航、船舶柴油机、卫星发射等 24 个重大军品的生产、研究、试验基地，使我国国防科技工业的整体实力和发展水平迈上了一个新的台阶。特别是核工业和航天工业的建立，使"超级大国"垄断核武器、制造"核威胁"成为空话，极大地提高了中国在国际斗争中的地位。三线建设对于我国的国防建设确实是居功至伟。

党的第三代领导集体对三线建设给予了高度的评价。1991年4月，中共中央总书记江泽民在四川视察了攀枝花钢铁公司、西昌卫星发射中心、德阳第二重型机器厂和西南物理研究院等三线建设的重点工程后指出：从当前国际形势来看，特别是海湾战争之后，我们对三线建设的重要性应当有进一步的认识。总的讲，当年党中央和毛主席做出的这个战略决策是完全正确的，是很有战略眼光的。1991年1月，刘华清在三线工作会议上也指出：三线建设总的部署、布局和原则是正确的，是一个伟大战略措施。从当前看，特别是从海湾战争爆发后的情况来看，都证明我们过去建设三线是对的，不能后悔。

三线建设确实改善了我国生产力布局过分畸形的局面，缩小了我国东西部之间的差距

我们是社会主义国家，均衡分布生产力是生产布局的一种趋势，三线建设是符合这个趋势的，这正是三线建设在战略上值得肯定的基本依据。三线建设是继第一个"五年计划"的大规模建设之后，我国生产力布局从沿海到内陆的又一次战略性的大转移和规模空前的大调整。数百万人长达17年的艰苦奋斗，超过2 000亿元的建设投资，数百个装备先进、技术密集的工厂、企业和科研单位从沿海向内陆搬迁，这些努力使交通闭塞、工业基础薄弱、经济文化相对落后，但自然资源十分丰富的中西部地区初步建立起了一个现代化的工业基地，不但给这些地区带来了繁荣和进步，同时也进一步改变了我国生产力布局的状况。从沿海和内陆工业总产值的比例来看，新中国成立初期大约是三七开的比例，即沿海地区占70%，内陆占30%；三线建设开始展开的1965年，沿海地区的比重下降到63%，内陆上升到37%；到三线建设基本上结束的1978年，内陆和沿海的工业总产值已经形成了四六开的格局。内陆工业的固定资产原值1978年达到1 792.9亿元，占全国工业固定资产原值的56.1%，超过了沿海地区。一些主要工业产品特别是资源密集型产品，内陆所占比重也有较大提高。1978年与1965年相比，全国原煤产量中内陆工业所占比重由65.1%上升到68%，发电量所占比重由45%上升到48.6%，钢产量所占比重由27.6%上升到37.2%，钢材所占比重由21.5%上升到35.9%，水泥所占比重由43.2%上升到50%，农用化肥所占比重由48.5%上升到51.1%，机床所占比重由21.5%上升到35.3%。三线建设改善了我国东西部工业布局不均衡的局面。

三线建设创造了进一步开发西部的物质力量和客观环境，有利于我国东西部优势的结合，它对中国经济产生了长远影响

20世纪末，中共中央做出了我国进行西部大开发的战略决策，中国生产力布局的又一次开始进行重大调整。虽然这次调整与以往的很多方面有所不同，但是"一五"时期的建设，特别是三线建设的成就，创造了进一步开发西部的物质力量和客观环境。

三线建设打下了西部工业化的基础。西部地区建成了一大批机械工业、能源工业、原材料工业重点企业和基地。1965 年至 1975 年，三线地区建成的机械工业大、中项目共124 个。湖北第二汽车制造厂、陕西汽车制造厂、四川汽车制造厂等骨干企业的汽车年产量已占当时全国年产量的三分之一。东方电机厂、东方汽轮机厂、东方锅炉厂等重点企业，形成了内陆电机工业的主要体系。12 个重型机器、矿山、起重、压延机械厂使三线地区具有了较强的重型机器设计制造能力。三线地区初步形成了重庆、成都、贵阳、汉中、西宁等新的机械工业基地，到 1979 年，机械产品生产能力已相当于 1965 年的全国水平。能源工业是三线建设的重点部门，主要有贵州六枝、盘县（现盘州市）、水城地区和陕西渭北地区的煤炭某地，湖北的葛洲坝水电站、甘肃的刘家峡、八盘峡水电站，贵州的乌江渡水电站，四川石油天然气开发，陕西秦岭火电站等。到 1975 年，三线地区的煤炭产量已从1964 年的 8 367 万吨增加到 21 200 万吨，占全国同期增长总额的 47.9%；年发电量已从 1964 年的 149 亿度增加到 635 亿度。到 1984 年，贵州六盘水煤炭还可以支援外省 300 万吨，初步改变了江南无煤炭调出省的状况。原材料工业方面，钢铁工业是三线工业投资最多的。四川除建成攀枝花钢铁基地外，还有以重庆钢铁公司、重庆特殊钢厂、长城钢铁厂、成都无缝钢管厂为骨干的重庆、成都钢铁基地；铜、铝工业基地分布在四川西昌、甘肃兰州等地，其中西南铝加工厂是当时全国唯一可以生产大型军用铝锻件的企业。这一时期共建成钢铁企业984个，工业总产值比1964年增长了4.5倍；建成有色金属企业945个，占全国总数的41%，10种有色金属产量占全国的50%。西部地区建成了一批重要的铁路、公路干线和支线，如川黔、贵昆、成昆、湘黔、襄渝、阳安、太焦、焦枝和青藏铁路西宁至格尔木段10条干线，加上支线和专线，共新增铁路8 046千米，占全国同期新增里数的55%，使三线地区的铁路占全国的比重，由1964年的19.2%提高到34.7%，货物周转量增长了4倍多，占全国的三分之一。公路新增里数22.78万千米，占全国同期的55%。这些铁路、公路的建设较大地改变了西南地区交通闭塞的状况，对西部工业化、现代化建设起到了重要作用。

三线建设还促进了许多城市的兴起和繁荣，不仅为一些城市带来了发展机遇，也为西部的城市化进程打下了一定基础，提供了借鉴。在三线建设中，除原有的一批中心城市得到了进一步发展、增强了经济实力，一批新兴的工业城市也在荒原中崛起，一批古老的城镇兴起了现代工业，焕发了青春。四川的攀枝花、贵州的六盘水、湖北的十堰、甘肃的金昌四个城市是在三线建设中诞生的新兴城市的代表。攀枝花市是在一片荒山野岭中诞生和形成的以钢铁工业为特色的新兴工业城市。1985年攀枝花全市人口85万，其中城市人口38万，拥有年产生铁250万吨、钢150万吨、电力33.6万千瓦的综合生产能力，工业总产值达14.6亿元。六盘水市由六枝、盘县（现盘州市）、水城三个特区组成，市内煤炭资源丰富，是长江以南最大的煤田，铁、铅、锌、银等也有相当的储量。三线建设以前，六盘水交通闭塞、经济贫困、文化落后，到1964年还没有一个现代化的企业，63%的乡不通公路。三线建设中，国家在这里投资26亿多元，把六盘水建成一座以煤炭工业为基础，冶金、电力、建材、机械等工业配套发展的新兴工业城市。十堰市在三线建设前还是一片荒山野岭，既没有工业，也没有城市。随着第二汽车制造厂的建设，十堰才由穷乡僻壤变成一座现代化的汽车工业城。金昌市位于甘肃河西走廊东部的戈壁滩上，拥有我国最大的硫化镍矿床，储量在世界同类矿床中居第二位，蕴藏着大量的镍、铜、钴、金、银、铂等有色和贵重金属元素。三线建设中，国家在这里投资12亿元，建成了具有年产两万吨镍生产能力的、繁荣兴旺的新兴镍都。与此同时，三线建设还使建设项目所在地的古老城镇的面貌发生了重大的变化，如四川的德阳、绵阳、广元、乐山、自贡、泸州，贵州的遵义、安顺、都匀、凯里，云南的曲靖，陕西的宝鸡、汉中、铜川，甘肃的天水，河南的平顶山、南阳，湖北的襄樊、宜昌，山西的侯马等城市，随着三线建设的开展焕发了青春，成为具有不同功能、各具特色的工业城市。三线建设也把一批基础工业和配套项目放在了具有一定条件的老工业城市，从而使重庆、成都、贵阳、昆明、西安、兰州、太原、西宁、银川等中心城市的面貌发生了不同程度的变化。

三线建设改变了一些贫穷落后的少数民族地区的面貌。我国约有60%的人口在内地，少数民族人口的80%以上分布在内地。全国18个集中联片的贫困地区几乎都在内地，作为三线建设重点的西南地区就有秦巴山区、乌蒙山区、大小凉山区、横断山区等。三线建设在这些经济发展十分落后的地区进行布点和展开，特别是几条铁路干线的建成通车，大大促进了这些地区经济社会的发展和进步。例如，大凉山地区的四川越西县，彝族人口占60%，过去由于交通闭塞，山区人民长期刀耕火种，货物全靠人扛马驮，成昆铁路修建后，铁路通过该县的里程达79千米，县内设有9个车站，全县有50多个乡镇通了汽车，交通环境的改善使经济发展具备了条件。这些对于促进各民族的团结和共同繁荣，维护社会的稳定和协调发展，都有十分重大的意义。

三线建设的成就对中国生产力布局产生了重大影响。以多条铁路的铺设为先锋，西南、西北、豫西、鄂西、湘西和晋南等地建设的一批新兴工业基地，使我国工业地区的分布发生了较大变化，工业生产布局有了较大的改善，对促进我国生产力布局合理化，推动我国中西部地区开发具有战略意义。

攀枝花钒钛磁铁矿开发

攀枝花铁矿发现于 20 世纪 30 年代，其地质工作可以分为新中国成立以前的早期地质调查和新中国成立后的详细地质勘探两个阶段。

早期调查

攀枝花铁矿已知的最早记载，见 1912 年出版的《盐边厅乡土志》，其中写道："磁石（磁铁矿），亦名戏（吸）石，产白水江（即今金沙江）边，能戏（吸）金铁。"

1936 年常隆庆、殷学忠调查宁属矿产，在攀枝花倒马坎矿区见到与花岗岩有关的浸染式磁铁矿，并在《宁属七县地质矿产》一文中论及："盐边系岩石，接近花岗石。当花岗石浸入时……金铁等矿物浸入岩石中，成为矿脉或浸染矿床，故盐边系中，有山金脉及浸染式之磁铁矿、赤铁矿等。"1937 年"七七"事变后，沦陷区的大专院校和地质机构内迁，地质人员集中于西南后方，在西南地区进行了大量地质调查工作。到攀枝花矿区进行地质调查并提出报告的，有来自不同部门和单位的三批地质工作者。

第一批是资源委员会川康铜业管理处探矿工程师汤克成等。1940 年 6 月，汤克成及助手姚瑞开奉资源委员会川康铜业管理处之命，到宁属调查矿产。他们在从盐边返回会理途经攀枝花时，于山谷间见有多量铁粒，踵其源，发现铁矿露头，因之以十余天的时间履勘了攀枝花及倒马坎两矿区，并略测地质图各一幅，推算两矿区的磁铁矿和磁黄铁矿储量为1 000万吨左右，并写成《西康省盐边县攀枝花倒马坎一带铁矿区简报》。1942年，汤克成与刘振亚、陆凤翥等奉资源委员会西康钢铁厂筹备处之命，再次到攀枝花矿区进行勘测，经过20天的野外工作，测制了攀枝花矿区1/5 000地质图、倒马坎矿区1/2 500地质图，写出了《盐边攀枝花及倒马坎矿区地质报告》，认定铁矿成因为岩浆分异矿床，估计铁矿储量可达4 000万吨。

第二批是西康技艺专科学校采矿教授刘之祥和国民党西昌行辕地质专员常隆庆。1940年他们受西康省建设厅的派遣，从8月17日到11月11日对宁属地质矿产进行了调查。两人在西昌行辕主任张笃伦之子张凯基及四名卫兵的同行下，由西昌出发，途经河西、盐源县、白盐井、梅雨铺、黑盐塘、黄草坝、永兴场、盐边县、新开田、棉花地、弄弄坪等地，于9月6日到达攀枝花村。一行人员在攀枝花村驻扎数日，对尖包包、营盘山（兰家火山）、倒马坎等矿区的磁铁矿及硫黄铁矿露头进行了勘察，以罗盘仪、气压表、皮尺等简单仪器做了测量，绘制了地形和地质草图，在铁矿露头处照了相。返回西昌后，他们各自分别整理资料并发表了矿产调查报告。

1941年8月，刘之祥用中、英两种文字印行了《滇康边区之地质与矿产》论著。书中写道："此次则限于宁属南部之康滇边区……费时八十七日，共行一千八百八十五里。""矿产方面，则发现弄弄坪之沙金矿，及他处之煤、铜、铁等矿……最有价值者，当属盐边县攀枝花之磁铁矿。""攀枝花海拔一千四百八十五公尺（1 公尺＝1 米），位于盐边县之南东，距盐边县九十七公里，在弄弄坪以东十四点七千米处，农民有十余家。""总计尖包包与营盘山二处磁铁矿储量共为一千一百二十六万四千吨。"

　　1942 年 6 月，常隆庆在《新宁远》杂志调查报告专号发表了《盐边、盐源、华坪、永胜等县矿产调查报告》。文中说："攀枝花在盐边之东南二百一十里，新庄之东六十里，位于金沙江北岸之倮果十里，系一小村。海拔一四三〇米。有农民十余家。四周皆小山、丘陵起伏，有小溪自北高山流水来，向东南经倮果之西而入金沙江……村北有二山对峙，两山相连，而中隔一沟。东侧之山为营盘山，高出地面约四百米；西侧之山较低，为尖包包，两山坡面皆甚陡峭，山顶则颇平坦，磁铁矿出露于两山顶之上……""总计营盘山及尖包包二处铁矿之储量，共为八百六十五万二千吨。其露头甚佳，极易认识，本地人民亦知山下有矿，惟该地森林地带极远，如建设之炼铁厂，则燃料取给显难，故历来无人经营。然该矿之天然条件则甚优越，试登矿山西望，则永仁纳拉箐大煤田中群山历历可数，南望金沙江俯瞰即是……其位置之优越在已知各铁矿之上，有首先经营之价值。"

第三批是宁源实业公司的探矿工程师戴尚清等。早在1938年，雷祚文、袁复礼、戴尚清、任泽雨等即受宁源公司之邀调查了永仁、会理、华坪、盐边等地煤、铁、铜矿产的分布情况。1939年袁复礼、苏良赫、任泽雨等亦曾到攀枝花、倒马坎铁矿区绘制了地质草图，认为两矿属侏罗纪接触矿床，估计攀枝花矿区储量为8 000万吨以上，倒马坎矿区为5 000万吨。1941年探矿工程师雷祚文又奉宁源公司之命，在戴尚清的工作基础上复勘攀枝花磁铁矿，认为矿藏极丰。

攀枝花矿区经过上述三批地质人员进行查勘、报道之后，立即在地质界引起轰动，不少地质工作者纷至沓来，进行考察踏勘。

1941年3月，中央地质调查所李善邦、秦馨菱到达攀枝花，测制了矿区地形图，进行了地表调查，利用磁秤探测，并雇用民工挖掘一些明洞，对营盘山、尖包包、倒马坎三个矿区的矿层做了较为细致的观察，采集了矿样，著有《西康盐边攀枝花倒马坎铁矿》（《中央地质调查所临时报告》）。报告提出："综合攀枝花、倒马坎储量1 560 735万吨，或称一千六百万吨，贫矿不计。"所采矿样经地质调查所化验分析，含铁51%、二氧化钛16%、三氧化二铝9%，从此得知攀枝花铁矿石中含有钛。

1943年8月，武汉大学地质系教授陈正、薛承凤复受中央地质调查所所长李赓扬之邀，利用暑假调查攀枝花铁矿。在进行详细野外地质调查的基础上，对取得的资料进行了室内整理研究，对所采矿样逐个进行钛的定性分析，择要进行铁的定量分析，同时引用李善邦、秦馨菱的分析结果，做出攀枝花矿床为钛磁铁矿的结论，并且提出："此种高钛铁矿至今尚不适炼铁，惟我国缺少钛矿，本矿床不妨作为电炼铁合金矿开采。"

同年，资源委员会郭文魁、业治铮借到西康之便顺道查勘了攀枝花矿区。他们以平板仪测制了攀枝花矿区 1/5 000 地质图三幅，估算营盘山、尖包包、倒马坎三处铁矿储量为 2 400 万吨，并论证了矿床的岩浆分异成因，指出主要矿物为磁铁矿及少量钛铁矿，"厥为西南各省较大之铁矿也"。

1944 年，根据程裕祺的意见，钛磁铁矿中含有钒被发现，从而确定了攀枝花铁矿为钒钛磁铁矿。

攀枝花铁矿的发现，曾经引起国民党当局的注意。在《资源委员会季刊》上曾有人提出："在会理、盐边及永仁间之金沙江岸，择地另建一个钢铁中心，以开发该方面之煤铁资源。其规模之大小，则可视当时之需要情况而定。惟此一钢铁中心之建立，自须有铁路联络贯通乃可。" 1941 年 12 月，资源委员会决定在会理设立西康钢铁厂筹备处，以胡博渊为筹备处主任。据有关资料记载，这个厂"由资源委员会与西康省政府合作经营，其计划系设立十吨炼铁炉两座，三吨贝色麦炼钢炉一座，及轧钢厂全部，该厂所有铁矿，取诸会理攀枝花，炼焦所需之烟煤，则拟取诸永仁。设厂地点，择定金沙江岸旁鱼岔（鲊）地方"。1944 年资源委员会决定撤销西康钢铁厂筹备处，由黔西铁矿筹备处接收，更名为康黔钢铁事业筹备处。抗日战争胜利后，这一机构也被撤销，攀枝花铁矿的调查与开发研究亦告中止。

详细勘探

中华人民共和国成立后，中央于 1954 年 4 月在北京召开了全国地质普查工作会议。同年 6 月，西南地质局根据全国的统一部署，组建了会理普查大队，即 508 地质队。7 月，南京大学地质系教授徐克勤应西南地质局局长黄汲清之邀，带领师生 30 余人到达会理，正式编入普查大队进行工作。在此期间，徐克勤等曾带领南京大学应届毕业生到攀枝花，对兰家火山、尖包包、倒马坎三个山头及其外围地区进行了详细观察，判定钒钛磁铁矿产于辉长岩中，呈层状，岩体厚度大，北西倾斜，北东走向，三个山头应属同一矿床，但被南北走向的断层割开；不久，他们又在距倒马坎不远的江边找到了矿床露头，从而证实了它们是同一矿床。通过现场观测，徐克勤等绘制了兰家火山、尖包包、倒马坎和外围地区的路线图一幅，杨逸恩、吕觉迷对三个矿区进行刻槽取样，采取了一个剖面的矿样共 200 余件。师生返校后，对攀枝花矿样进行化验分析，着手整理普查找矿报告。报告提出，攀枝花钒钛磁铁矿是粒状共生结构，易选，可以利用。矿区含矿岩体长 6.7 千米，最厚处 100 米，估算地表水位以上的矿石储量至少有 5 000 万吨，可能超过 1 亿吨，建议国家进行正式地质勘探。

南京大学师生关于攀枝花的普查找矿报告，引起了地质部和西南地质局的极大重视。西南地质局根据国家建设需要，决定将所属 510 地质队从涪陵一带迁至攀枝花，并于 1955 年 1 月组建了 508 地质队二分队，负责攀枝花的普查勘探工作。同年 9 月，又以 508 二分队为基础组成了 531 地质队，次年 5 月改名为攀枝花铁矿勘探队，由李玉平任队长，秦震为总工程师，队部驻在兰家火山卜的攀枝花村。勘探高峰时，全队有正式职工 1 800 余人，雇用民工 2 000 余人，开动钻机 28 台。矿区地质勘探设计由总工程师秦震主持编制，并得到了苏联专家的指导。

1955 年 1 月，勘探队在矿区开始物理探矿及地质勘探工作，地表调查方面以槽探为主，深部勘探则以钻探手段进行。钻孔的布置，在矿床主要地段用 200 米×(100~120)米的密度进行，以获得 C1 级储量；在靠近地表稳定地段则用 100 米×100 米的密度（获 B 级储量），或 100 米×50~60 米的密度（获 A2+B 级储量）进行。通过各种勘探手段，勘探队在矿石产状、品位、储量等方面获得了大量资料，并据此得出了地质结论。

攀枝花铁矿产于辉长岩体中，分上部含矿层，底部含矿层及暗色粗粒辉长岩中浸染状矿石三个层位，底部含矿层是工业储量的获得层位。矿床分布于辉长岩的底部，延长达 19 千米，最大厚度 200 米，已知延深在 850 米以上，一般含矿率达60%。矿石的主要成分是磁铁矿、钛铁矿、钛铁晶石、磁黄铁矿、黄铜矿等，脉石矿物以长石、辉石为主。矿石呈致密状及浸染结构，而以致密浸染状为主，夹石中很大一部分含铁达15%~20%。

地质勘探不仅探明了兰家火山、尖包包、倒马坎三个矿区，而且还发现了朱家包包、公山、纳拉箐等矿区，它们与兰家火山等矿区属于同一辉长岩体的不同矿段。1956年通过对攀枝花铁矿找矿标志进行总结，结合区内基性岩体广泛出露的情况，勘探队又陆续发现了禄库（红格，包括新村芭蕉矿点）、白马（包括巴洞）矿区，确认了康滇地轴中段钒钛磁铁矿呈带状分布的规律。

1957年12月27日，攀枝花铁矿的地质勘探告一段落，1958年6月野外工作基本结束，随即《攀枝花钒钛磁铁矿储量计算报告书》写成。

攀枝花矿区经过20世纪50年代的地质勘探，获得工业储量10.75亿吨、远景储量10亿吨。

1964年，攀枝花铁矿的开发被列为国家重点建设项目。地质部全国储量委员会于同年10月29日审查了攀枝花铁矿的储量报告，批准朱家包包、兰家火山、尖包包三个详细勘探区的铁钒储量可以作为工业设计依据，钛的储量因利用问题尚未解决，暂作平衡储量处理，并且要求地质部门按照工业部门的需要提供补充地质资料。四川省地质局106地质队接受了这项任务，于1965年1—5月对攀枝花矿区进行了补充勘探工作，并于同年 5 月至 9 月两次提交了有关矿区断裂构造、水文地质、矿石围岩的物理机械性能试验、尖包包矿区 22~24 线储量计算、矿石中元素赋存状态及其分布规律、矿石选矿性能及综合利用、钴镍的储量计算等方面的补充报告，使地质勘探资料基本满足了工业设计的要求。

攀枝花铁矿经过 20 世纪 50 年代的地质勘探和 60 年代中期的补充勘探，完成了勘探任务。在此基础上，许多单位在成矿规律、矿产预测、伴生元素研究、扩大远景、后备勘探基地选择等方面又陆续做了大量工作。到 1980 年，攀枝花—西昌地区已探明铁矿 54 个，总储量 81 亿吨，其中钒钛磁铁矿 23 个，总储量 77.6 亿吨。到 1985 年，攀西地区已探明钒钛磁铁矿储量达到 100 亿吨，占全国同类型铁矿储量的 80% 以上，其中钒的储量占全国的 87%，钛的储量占全国的 92%。攀枝花、白马、红格、安宁村、中干沟、白草成为攀西地区的六大矿区，总储量 75.3 亿吨。

攀枝花是"毛主席最关心的地方"

以毛泽东为核心的党中央确立三线建设的重大决策后，攀枝花钒钛磁铁矿的开发就被提上了日程。为此，毛泽东同志对攀枝花建设做出了许多重要指示。

1964 年 5 月 10 日，毛主席在听取计委领导小组汇报第三个"五年计划"设想时再次提出："攀枝花钢铁厂还是要搞，不搞我总不放心，打起仗来怎么办？攀枝花建不成，我睡不好觉。"①

5月27日，毛主席在中南海召集刘少奇、周恩来、邓小平、李富春、彭真、罗瑞卿等召开政治局临时党委会时指示："在原子弹时期，没有后方是不行的，要准备上山，出了问题，只要有攀枝花（钢铁基地）就解决问题了。"他特别强调应该在四川的攀枝花建立钢铁生产基地。毛泽东有些动气地说："如果大家不同意，我就到成都、西昌开会。西昌通不通汽车？不通，我就骑着毛驴下西昌。搞攀枝花没有钱，我把工资拿出来。"②

6月6日，他在中央工作会议上明确地提出了三线建设的主张，说："三线建设的开展，首先要把攀枝花钢铁工业基地以及相联系的交通、煤、电建设起来。建设要快，但不要潦草。攀枝花搞不起来，我睡不着觉。"毛泽东还说："你们不搞攀枝花，我就骑着毛驴子去那里开会；没有钱，拿我的稿费去搞。"③

6月8日，毛泽东在中央政治局常委和各中央局第一书记会议上，又反复说："要搞第三线基地，大家都赞成，要

　　① 中共中央党史研究室，中央档案馆. 中共党史资料. 第七十四辑 [M]. 北京：中共党史出版社，2000.
　　② 刘少奇. 继续控制基本建设，着手搞西南三线 [J]. 党的文献，1996（3）：19-20.
　　③ 薄一波. 若干重大决策与事件的回顾：下卷 [M]. 北京：中共中央党校出版社，1993：1199-1200.

搞快一些，但不要毛糙。只有那么多钱么，那些地方摊子要少铺，中央的摊子也要少一些。（攀枝花铁路）最好从两头修起。还有以大区或省为单位搞点军事工业，准备游击战争有根据地，有了那个东西我就放心了。"①

7月15日下午，在中南海颐年堂同周恩来、彭真、贺龙、陈毅、罗瑞卿、康生、伍修权、杨成武、吴冷西等谈及军事战略问题时，毛泽东说："我看主要有两个问题。第一个战略问题，敌人从哪里来。第二个战略问题，就是要搞地方武装，有些省要搞一个兵工厂。攀枝花、酒泉两个钢铁基地，没有落实。这两个基地一定要落实。如果材料不够，其他铁路不修，也要集中修一条成昆路。"②

8月17日，中共中央书记处召开会议研究三线建设问题。毛泽东指出："攀枝花是战略问题，不是钢铁厂问题。现在抓是抓了，但要抓紧，要估计到最困难的情况，有备无患。现在再不建设第三线，就如同大革命时期不下乡一样，是革命不革命的问题。成昆线怎样？要快修，要多开点，五十个点少了搞六十个，再不够开一百个，总而言之，成昆线要快修。三线建设，要越热心越好，那怕粗糙一点也好……要抢时间。"③

　　① 郑毅. 共和国要事珍闻［M］. 长春：吉林文史出版社，2000.
　　② 郑毅. 共和国要事珍闻［M］. 长春：吉林文史出版社，2000.
　　③ 钟声. 战略调整：三线建设决策与设计施工［M］. 长春：吉林出版集团有限责任公司，2011.

9月12日，毛泽东在杭州听取西南铁路规划的汇报。当谈到西南四条铁路同时上马，川黔、滇黔两条尚存困难时，毛泽东指出："把川滇黔停下来，又不打别的主意，不搞攀枝花，这是没有道理的。不是早知道攀枝花有矿嘛，为什么不去搞？你们不去安排，我要骑着毛驴下西昌。如果说没有投资，可以把我的稿费拿出来。"[①]

10月19日下午，毛泽东在中南海菊香书屋主持召开中共中央政治局常委会议，听取李富春汇报计划工作革命问题和一九六五年计划安排问题。当汇报到三线建设时，毛泽东说，总而言之，向云贵川、陕甘宁挤，还有个湘西、鄂西、豫西，搞攀枝花、酒泉、长阳三个基地。

钉子就钉在攀枝花

按照毛主席的指示，1964年6月22日，由国家计委副主任程子华、王光伟率领的，在成都组成的庞大联合工作组，准备前往西南各地，对成昆铁路重点工程和乐山、攀枝花、西昌地区进行考察。出发前，周恩来召开会议，传达了毛泽东"攀枝花建设要快，但不要潦草"的指示，要求在8月底以前回来向中央汇报。包括国务院十多个部委办和四川、云南负责同志及技术专家80多人的工作组，经过一个月的调

---

① 钟声. 战略调整：三线建设决策与设计施工 [M]. 长春：吉林出版集团有限责任公司，2011.

查，于7月底在西昌召开会议，拟定了西南三线整体规划和重点项目。程子华回北京向周恩来、李富春汇报提出，攀枝花钢铁基地、六盘水煤炭基地、成昆铁路三大项目必须配套建设，同时列入国家计划，同时上马。周恩来、李富春表示同意。邓小平代表中央书记处确定了"攀枝花的矿，六盘水的煤，钟摆式运输"的西南工业发展规划。

薄一波在《若干重大决策与事件的回顾》中回忆说，这里，我想着重讲一讲攀枝花钢铁工业基地建设的情况。攀枝花位于四川、云南两省交界处，面临金沙江，有丰富的铁矿资源。毛主席提出建设攀枝花基地后，国家计委立即组织80多人的工作组，由程子华、王光伟两位副主任带领，到成都同西南局和四川省委商定建厂事宜。西南局的四川省委的部分同志建议另选厂址，理由是攀枝花交通不便、人烟稀少、农业生产基础差。他们认为，钢厂应建在交通方便、有大城市作依托的地区，并提出了18个地点供选择。工作组用一个多月的时间普查了这些厂址，绝大多数地点既无铁又没煤炭资源，有的还要占用大量耕地，被否定了；只有乐山的九里、西昌的牛郎坝和攀枝花的弄弄坪可供选择。在评议中，程子华同志和中央有关部委的负责同志及专家，都倾向于攀枝花的弄弄坪，因为攀枝花地区不仅有丰富的铁矿资源、较多的煤炭资源和取之不竭的金沙江水资源，并且靠近林区，距离成昆铁路和贵州六盘水［六枝、盘县（现盘州市）、水城］大型煤炭基地较近，地点也较隐蔽，又不占农田，是建钢厂的理想地区。而西昌的牛郎坝虽距攀枝花较近，但有地震问题（历史上曾发生过 10 级地震），还有与农业争水的问题；乐山的九里虽然地势平坦，有扩展余地的，又靠近工业城市，但距铁矿和煤矿太远，也有占耕地的问题，都不是建大型钢厂的理想地区。由于西南局和四川省委的部分同志仍持异议，论证工作迟迟不能定案。消息传到北京，我和李富春同志都赞成程子华同志的主张，在攀枝花建厂，并对迟迟不能确定厂址而着急，于是立即向周总理做了汇报。周总理思虑再三，说：既然西南局和四川省委有不同意见，程子华同志定不下来，就到毛主席那里定吧。周总理带着富春和我向毛主席做了汇报。毛主席听后说，乐山地址虽宽，但无铁无煤，如何搞钢铁？攀枝花有铁有煤，为什么不在那里建厂？钉子就钉在攀枝花！[①]

攀枝花市成立

1964 年 12 月 31 日，李富春在国家计委关于鄂西铁矿资源情况的简报上批注意见："从鄂西铁矿的情况看，向我们提出了一个问题，即攀枝花铁矿和鄂西铁矿都要开发，但究竟以何者为先、为快，很值得研究。现已要冶金部积极地进

---

① 薄一波. 若干重大决策与事件的回顾：下卷［M］. 北京：中共中央党校出版社，1993：1204.

一步了解情况，并做开发前的准备工作，再作全面比较。"①
1965 年 1 月 2 日，罗瑞卿在该简报上批注意见："如果两者能同时并举固好，但如有困难，必须先搞攀枝花。同时并举如需要分次序，也应把攀枝花放在首位。这是大的战略问题，不能再变了，也不要再受别的影响推迟了。"② 1 月 7 日，周恩来批示："开发攀枝花的战略方针早定，错在推迟了战役部署。现在西南三线第一个战役已经开始，不应再有动摇。开发鄂西铁矿应与豫西铁矿和湘西以及武汉的工业连在一起，另组成一个战略单位或方面，进行勘察和部署，不要拿它与开发攀枝花作比较。"③ 毛泽东阅后批示："同意总理意见。"
3 月 4 日，毛泽东阅《冶金工业部部长吕东、副部长徐驰二月二十三日关于攀枝花钢铁联合企业建设工作进行情况给薄一波的报告》（简称《报告》）。《报告》说：二月九日开会决定成立攀枝花指挥部。攀钢的建设进度可能提前一到两年的时间，一九六九年第一座高炉投产也是可能的。毛泽东批示："此件很好。"后来，攀枝花市委、市政府将 1965 年 3 月 4 日作为攀枝花市成立的日子，每年 3 月 4 日为攀枝花市建市纪念日。

---

① 陈东林. 三线建设：备战时期的西部开发 [M]. 北京：中共中央党校出版社，2003.
② 钟声. 战略调整：三线建设决策与设计施工 [M]. 长春：吉林出版集团有限责任公司，2011.
③ 钟声. 战略调整：三线建设决策与设计施工 [M]. 长春：吉林出版集团有限责任公司，2011.

"两基一线"的确立

根据毛主席的指示，1965年深秋，邓小平秘密视察了川西一带，确定了三线建设"两基一线"的战略布局。"两基"是指以攀枝花为中心的钢铁工业基地和以重庆为中心的常规兵器工业基地；"一线"是指成（都）昆（明）铁路，有了成昆铁路，贵州六盘水的煤才可以经昆明运往攀枝花，供攀枝花锻造钢铁，而攀枝花生产的钢铁，也才可以经成都运往重庆，用来制造武器。

天堑变通途

以攀枝花为中心的钢铁基地建设确定后，一个重要的问题随之而来，那就是路。根据毛泽东"修一条成昆铁路"的指示，1964年7月2日，国务院总理周恩来在中央军委罗瑞卿的报告上批示："修成昆路，主席同意，朱委员长提议，使用铁道兵修。"由此开始了修筑成昆铁路，施工人员主要以原中国铁道兵第一师、第五师、第七师、第八师、第十师及独立机械团、独立汽车团和铁道部工程局等为主，总数达到35.97万余人。

成昆铁路北起四川成都，南到云南昆明，全长1 083千米，北接宝（鸡）成（都）铁路，是连接西南和西北的交通大动脉。成昆铁路从海拔 500 米左右的川西平原起，跨岷江、青衣江，逆大渡河、牛日河南上，穿越海拔 2 280 米的沙木拉打隧道，沿孙水河、安宁河、雅砻江而下，进入海拔 1 000 米左右的金沙江河谷，再溯龙川江岸而上，到达海拔 1 900 米左右的滇中高原。该路段有世界最复杂的地质状况，高山峡谷众多，到处是悬崖峭壁，经常发生泥石流，被当地人称为"吓死猴子气死鹰"的地方，同时还有数不清的急流险滩，神鬼难测的地下暗河和溶洞等，是世界上修筑铁路的禁区。

为避开严重不良地质地段，克服地势起伏的巨大高差，成昆铁路 13 次跨牛日河，横贯大小凉山，八次跨安宁河，过金沙江，穿越地震区，49 次跨龙川江及其支流楚雄河、广通河，有四处越岭，有七处大的盘山展线、桥梁隧道密集，桥梁 653 座，隧道 427 座，桥梁隧道部长度 433.7 千米，平均每 1.7 千米有 1 座大桥或中桥，每 2.5 千米有 1 座隧道。

在当时的条件下修筑铁路，其难度可想而知，但铁道兵们凭着"天高我敢攀，地厚我敢钻，千山万水任调遣，英雄面前无难关"的精神，以"一不怕苦，二不怕死"的壮志，以"让毛主席睡好觉"的决心，终于在 1970 年 7 月 1 日实现从昆明和成都对开的列车在西昌汇合的目标，打通了成昆交通大动脉。

"南瓜生蛋"

修建成昆铁路得到全国各地的大力支援。沿线各族人民看到部队副食供应困难，就想方设法筹集食物，跋山涉水地把肉、菜送到工地。一位老大娘看到部队成天劳累，积攒了一些鸡蛋想慰问部队，又怕部队不收，她就把鸡蛋藏进掏空的大南瓜中送给部队。这就是传遍工地的"南瓜生蛋"的故事。

不该忘记的英灵

修筑成昆铁路，铁道兵付出了巨大的牺牲，在1 083千米的成昆线上，共有23座为修筑铁路而牺牲的解放军指战员建造的烈士陵园，共安葬2 100多名烈士英灵。在三线建设中，有很多人牺牲在工地上。修建焦枝铁路时，有大儿子牺牲后，父亲又把二儿子送上工地的动容故事。

好人好马上三线

攀枝花市地处攀西大裂谷，曾被称作"不毛之地"，建市之初，人烟稀少、交通不通，"隔双江而水险，跨裂谷而行难"是其真实写照。但在"好人好马上三线，备战备荒为人民"的时代号召下，从全国各地抽调的100多万建设者，打起背包、跋山涉水，来到攀枝花，自力更生、艰苦创业，用勤劳的双手建成了现代钢城。

艰苦创业

建设之初的攀枝花，一眼望去，到处是荒山野岭，炽热的骄阳下，除了几株低矮的灌木，就是漫山遍野的火箭草，道路不通、交通不便，住的是"干打垒"，喝的是泥浑水，生活物资和建设设备都靠肩挑背扛运送。根据"先生产、后生活"的开发建设原则，建设者们过着"三块石头架个锅、帐篷搭在山窝窝，天是罗帐地是床，澡堂就在金沙江"的生活，"白天杠杠压，晚上压杠杠"。建设者们没有被困难吓倒，他们以乐观主义的态度，全身心投入建设中，终于在不毛之地上建起了一座现代化钢城。

"呆矿"复活

攀枝花的开发建设，一开始就面临着一个严峻的科学技术挑战，即如何使用普通高炉冶炼高钛型钒钛磁铁矿，解决矿渣黏稠、渣铁不分的问题。根据试验结论，炉渣中二氧化钛含量不能超过16%，否则就无法冶炼。用普通高炉冶炼高钛型钒钛磁铁矿成为冶金领域的"禁区"。而攀枝花钒钛磁铁矿属多元素共生矿，炉渣中二氧化钛含量在30%以上。由此，苏联专家惋惜地说，攀枝花矿"好看不好用"，是"呆矿"，无异于对攀枝花钒钛磁铁矿宣判了"死刑"。

1964年，中央做出建设攀枝花工业基地的决定。要建设攀枝花工业基地，高钛型钒钛磁铁矿冶炼过关是关键。这个世界尚未解决的难题如不破解，攀枝花开发建设就无从谈起。1964年11月底，冶金部根据三线建设的迫急需要，毅然决定抽调鞍钢炼铁厂厂长周传典到冶金部组织钒钛磁铁矿的高炉冶炼试验。做出决定的第二天，周传典即办妥了工作交接，乘车赴京。经过物色各试验专业组人选，到1965年2月，由炼铁界知名人士和14个科研生产单位的专家、有经验的高炉炉长、工长及其他技术人员共108人参加的工作组组成，人称"一百单八将"，由周传典带队，开展攻关试验。

在试验现场，周传典首先组织试验人员学习冶炼钒钛磁铁矿的有关资料，并就炉渣中二氧化钛是酸性还是碱性，高钛炉渣冶炼的首要困难是变稠还是难熔，酸性渣冶炼还是碱性渣冶炼等问题组织辩论。经过一个多月的学习和讨论，工作组逐步形成了一套试验方案。1965年2月，冶金部召集各方面专家到承德审查了试验方案和计划，冶炼试验开始进行。试验组在三年攻关试验中，先后通过了承德模拟试验、西昌验证试验、首钢生产试验、昆钢技术试验等试验工作，进行了1 200多炉次试验，取得了3万多个数据，终于找到了用普通高炉冶炼高钒型钒钛磁铁矿的规律，闯出了一条新路子，攻克了世界冶金技术上的一个难关，将"呆矿"化石成金。

钢花献礼

为抵御国外侵略者对我国的挑衅，保卫国家安全，党中央提出加快冶炼出钢铁，争取在 1970 年 7 月 1 日前炼出第一炉钢铁，为党的生日献礼。攀枝花的建设者们抢时间、抓进度，以"不想爹，不想妈，不出钢铁不回家"的工作热情，终于在 1970 年 6 月 29 日 4 点 42 分，四川攀枝花钢铁公司一期工程 1 号高炉建成出铁。攀钢 1 号高炉炉容 1 000 立方米，高炉系统的四万多吨设备，由全国 26 个省份的 234 家工厂承制，炉壳采用鞍钢生产的锰合金钢板，由冶金工业部第 19 冶金建设公司（十九冶）安装。攀枝花钢铁公司出铁，改变了中国钢铁工业的布局，使中国西部地区有了重要的钢铁基地。

提钒炼钢

攀枝花铁矿中含有 0.28% ~ 0.34% 的五氧化二钒，回收利用钒资源也是开发攀枝花资源的一项重要课题。

1965 年 3 月，冶金部组织了工作组，由冶金部副部长王玉清任组长，钢铁司炼钢处处长余景生、北京钢铁学院教授林宗彩、西南钢铁研究院工程师涂建伦为副组长，有攀枝花钢铁公司、首都钢铁公司、西南钢铁研究院、重庆黑色冶金设计院等单位 40 多名科技人员参加，以承钢的含钒生铁在首钢三吨转炉上进行吹炼试验。试验以三种方案进行。第一种方案是以单渣法炼钢，将所得钢渣返回高炉，增加铁水中的含钒量，然后用转炉提钒。第二种方案是双渣炼钢法，即将吹炼前期所得的钒渣用人工扒出，作为产品。前两种是当时重点进行的两种试验方案。但是试验发现，所提钒渣中二氧化硅和氧化钙含量较高，而且扒渣工艺在大型转炉上难以实现，两种方案均被淘汰。第三种方案是苏联下塔基尔钢厂采用的双联提钒法，到 1965 年年末共炼 300 余炉，试验中钒的回收率虽然取得较好效果，但是吹钒与炼钢工艺周期不协调，难以相互配合，造成设备利用率低，提钒工艺未能圆满解决。

此时，西南钢铁研究院技术人员钱家澍、王继禹、郎为楷、李国兴等一起琢磨，能不能借鉴外国经验，闯出一条适合中国情况的提钒新路子？他们查阅了大量国外资料。郎为楷从英国的炼钢杂志上的雾化炼钢得到启示，并大胆提出了雾化提钒的设想。1966 年年初，他们自发组成了雾化提钒试验组，由王继禹为组长，开始了雾化提钒试验工作。

试验开始，这一方案尚未被人们所注意，也没有引起领导机关的重视，费用、设备、材料等方面未能得到应有的支持。在这种情况下，他们挖了一个土坑作熔池，利用废旧材料制成雾化器、出铁槽、漏斗等装置，露天作业，试炼了几炉，发现了好苗头。余景生、林宗彩得知这一消息后，立即赶到现场观察，认为这种办法可行，随即参加试炼三次共计 16 炉，经过总结，他认为雾化提钒工艺设备简单，设备利用率高。1966年7月，这一方法被冶金部列入重点科研项目，拨给试验费用10万元，并决定由西南钢铁研究院和首钢钢铁研究所派出六名科技人员同首钢人员一起，在首钢回转窑车间，利用半吨电炉化铁，安装了一座每小时处理20吨铁水的简易雾化提钒炉进行扩大试验。试验虽然取得了很大成效，但是由于提钒工艺尚不够完善，冶金科技界对此存在异议，不少人仍主张采用双联法提钒。

1966年，江跃华从鞍钢调到攀枝花，被派往首钢参加冶金部组织的双联法提钒试验。1967年2—6月，江跃华参加了在首钢30吨氧气转炉上进行双联提钒和炼钢的扩大试验，得到的钒渣含五氧化二钒平均在20%左右，钒的氧化率为88.73%，产渣率为3.046%，钒收得率为76.02%。该试验总计试炼233炉，取得了大量技术数据，为攀钢提钒炼钢设计提供了依据。1968年，江跃华结束了首钢提钒试验，回到攀钢，和一些年轻的科技人员一道，开始了雾化提钒的工艺试验。在实验经费、设备、材料都得不到保证的情况下，江跃华参照包头雾化提铌试验的资料，同大家共同设计、绘图、寻找材料。他们从几里地外肩挑背扛，搬回炉底配件，拉来电缆，接通电源，苦战数月，终于在一个修理渣罐的地坑里，建成了一座小型雾化提钒试验炉，于1971年2月10日，吹出了第一炉符合国家标准的钒渣。这座雾化能力为60吨/小时的提钒炉，产量虽不高，但引起了各方面的重视。1971年年底，炼钢厂又兴建了雾化能力为180吨/小时的2号试验炉，从此，试验开始走上正轨。

1974 年，冶金部在北京召开雾化提钒的设计审定会议，江跃华随厂长一同参加，会上江跃华用大量数据论证攀枝花雾化提钒的可行性。冶金部批准了雾化提钒方案，决定在攀钢新建雾化提钒车间。以后，攀钢的提钒工艺由原设计的双联法改为雾化法。

1975 年 6 月 20 日，江跃华因劳累过度，病逝于攀钢职工医院，终年 40 岁。原提钒炼钢厂厂长王成良说："在解放转炉生产力和雾化提钒上，江跃华同志是有功之臣，是头功。"

雾化提钒是由攀钢在 20 世纪 70 年代根据攀枝花矿产资源的特点独立开发的、具有自主知识产权的技术，于 1971 年 4 月 1 日建成 1 号雾化提钒炉并投产。该技术在 1978 年第一次全国科技大会上被评为科技一等奖。

钒产业发展趋势

随着含钒页岩双循环高效氧化提钒技术的发展，国内钒的开采量也在不断增加，这项技术突破了含钒页岩低价钒难以氧化转价的技术难关和环境瓶颈，可有效利用我国低品位含钒页岩资源，使可利用钒资源储量增加了近 100 亿吨，极大地促进了我国钒产业的发展。

我国钒产业的发展虽然取得了长足进步，但在资源保障、综合利用、产品档次和工艺技术等方面的问题依然突出。在资源开采方面，仍存在一矿多采、大矿小开、采富弃贫等现象。钒钛磁铁矿中，钒资源综合利用率仅为47%、钛资源回收率不足14%；石煤提钒水平较低，存在共伴生稀有金属未实现规模化回收的现象。在产业布局方面，国内上海、山东、陕西、贵州、河南等钒钛资源深加工地区的资源保障程度低，难以形成规模经济，布局分散，物流成本高，产业链短。在产品结构方面，目前钒产品以初级产品为主，大量出口原料性钒产品（五氧化二钒）。

钒功能材料等高端产品的研发和生产尚处于起步阶段，多数企业自主创新基础薄弱，至今没有引领全球钒产业的龙头企业。工艺装备方面，绝大多数企业采用钠化焙烧—浸出—铵盐沉钒工艺，但提钒废水的处理仍是一个难题。此外，目前我国从石煤中提取钒的工艺相对比较落后。

随着我国经济结构的转型，传统产业升级加快，战略性新兴产业、太阳能发电等行业迅速发展，对钒基合金、钒功能材料等关键品种的需求量大幅提高，因此对钒产业的研发能力和品种质量要求也越来越高。

钛产业发展趋势

钛产业属国家战略新材料领域，随着经济的发展和应用领域的扩大，在未来行业发展中，其需求量会逐渐增加。因此，我们应该加强技术创新，促进产品向高端领域转移，着力发展大尺寸钛和钛合金铸件及其卷带材，满足先进装备、新一代信息技术、船舶及海洋工程、航空航天、国防科技等领域的需求。同时，高端钛材的生产战略意义更为重大，产品结构向高端转移成为其发展的必然趋势。国内石化、航空航天、电力、海洋工程及体育休闲等行业对高端钛产品的需求继续增加，同时计算机等高科技产业对钛的需求增长点也在不断涌现，促使钛产品向高端领域发展。

攀枝花赋

刘成东[①]

　　若水之滨，笮山之壤。裂谷峥嵘，惊涛动地扬天；云崖浩荡，峻岭掩星蔽日。五山合围，展九万里乾坤之荣；三江交汇[②]，分五千年滇蜀之野。夫攀枝花者，擎宇托霞之高树，攀星追月之红葩；临邛笮而栖朝日[③]，揽若泸而望彩云也[④]。花即树名，树即地名，赤县神州，以花名地之惟一者也。其地，北连月城，东指黎溪古渡；南接鹿邑，西望玉龙初晴。沃土逶迤，良田重叠。丝路千里，迢遥而雾缈云稀；茶道三

---

　　① 刘成东，1945年生，四川蓬安人。毕业于四川师范大学汉语言文学专业。中国作家协会会员，攀枝花市作家协会主席。

　　② 三江：指金沙江、雅砻江和安宁河三大水系。

　　③ 邛笮：今攀西地区，古称邛笮。

　　④ 若泸：今雅砻江和金沙江，雅砻江古称若水，金沙江古称泸水。

尺，宛曲而山长水远。

云涌兰尖，浪掀宝鼎，紫气浮天而长列静守，金沙拍岸而高吟朗啸。故曰：巍然天宝之象，粲然物华之声。山川伟丽，形胜而名扬州郡；气势沉雄，势奇而感召学人。是以探矿人纷至，寻宝者沓来。常隆庆诸方家[①]，汤克诚众学者，踏勘于煤铁之山，测绘于钒钛之地。敲问矿脉，叩响宝门，方知丰蕴盖于四方，却显富藏甲于天下。

是时，公元一千九百六十之年代也。备战备荒，毛泽东圈定三线建设；呕心沥血，周恩来倾注几多关怀。中央决策，小平实施，战略部署深谋而远虑，决胜运筹纬地而经天。于是，九州物资，四海才俊，跋千山而至边地，涉万水而达攀西。十万大军，以临战姿态投入征程；千丈豪气，以光荣梦想献身开发。若泸两岸，兰尖群山，铺路人锤劈钎凿呼令山川开道，开矿者人拉肩扛吆喝机器上山。弄弄坪上，包包山头，建高炉栉风沐雨以争时分，修厂房席地帷天而抢昼夜。百里工地，挖掘机与岩坡较劲；八大片区，脚手架与日月争高。拓荒英模，头顶烈日，只讲奉献无怨无悔；创业干才，肩负寒霜，不畏劳苦有作有为。

君不见铁水奔流，滔滔红浪煌亮高原山水；钢花飞舞，灿灿赤光绚丽英雄风姿。君不见成昆大道，望浮云而穿千山

---

① 常隆庆和汤克诚：皆为最早发现攀枝花钒钛磁铁矿的地质学家。

万壑，焉不笑傲八千里路云和月；二滩高坝①，侣明月而亮四海五湖，藉以温暖二十世纪城与乡。

壮哉！卓绝之苦，挥汗洒血而不抹泪；盖世之情，辞母别妻而不伤怀。此为英雄攀枝花人也。伟哉！钢钒之都，能源之地，惊天地之不朽杰作，泣鬼神之垂世丰碑。此谓英雄攀枝花城也。

继往开来，与时俱进。累累硕果强化于科技支撑，煌煌业绩依托于资源立市。商厦如林，指长天而铺落霞；车流如织，走通衢而沐春雨。四季果蔬，香甜铺满村寨；千年苏铁，花枝璀璨时空。彝山踏歌，吟唱明媚阳光；笮海泛舟②，依洄轻柔涟漪。红格弄泉③，泡丽日心情淌流愉悦；长漂击浪，荡休闲时日追逐豪兴。徜徉格萨拉④，看杜鹃花海涌动千顷大潮；流连迤沙拉⑤，听俚濮民乐张扬百年思绪。林木苍翠，鸟鸣其间而幽深；稻菽金黄，风送其香而殷实。铁树万株而年年见花⑥，温泉十里而日日有梦。人道若水为春酒，交风

① 二滩高坝：指雅砻江上的二滩水电站，系20世纪建成的中国最大水电站。

② 笮海：俗称二滩湖，是雅砻江上二滩电站建成后形成的百里长湖。

③ 红格：以素有"川西名泉"之城的温泉闻名于世，因其神奇疗效而被称为"天下第一氡泉"。

④ 格萨拉：彝语为好玩的地方，此地盘松（只长一尺高的松树）成林，花开四季，天坑遍地，石林突兀，溶洞瑰丽。

⑤ 迤沙拉：彝语为水落下去的地方，因其人口众多，居民集中，被称为中国彝家第一村。其地紧靠金沙江，属古代兵家必争之地。其俚濮民乐，即起源于南北朝时期的洞经古乐，至今仍被传承演奏，昭示着古典音乐的独特魅力。

⑥ 铁树：苏铁，攀枝花苏铁林年年见花，系世界注目的神奇景观

友月而神采奕奕；吾视筀山为花丛，飞香走红而杨柳依依。

泱泱华夏，朗朗西南。一部恢宏史诗，千曲高亢旋律。斯城也，从一地花树至钢铁钒钛之都，从零星村落达人口百万之城。风雨兼程，革故而鼎新；步伐铿锵，前赴而后继。已执发展机遇，更谋宏图良策。再次腾飞，乘时代大潮于今朝；又铸辉煌，扬创业精神于百载。嗟呼！春风浩浩兮花枝鼓荡，花枝鼓荡兮高枝可攀，高枝可攀兮编织锦绣前程。

赋神游之篇，登山临水而难于句尽；歌礼赞之制，勾描铺陈而忽焉笔拙。谨以此文，赋予天地。

钒钛赋

何青①

乾坤混沌，宇宙浩茫。地运伟力，山越溟沧。天催海啸，气卷云汤。裂谷雄峻以宝聚，大川狂发而意张。

昔时载愿，今朝图强。亘古荒阒，旧貌新装。木棉千树，九州英杰奠基；钢城百里，四野资源共享。产学研风生水起，老中青虎跃龙骧。志承前贤，实民族大业之珠玥；心继先辈，寄社稷豪情于山乡。目纵环球，绘景图于虹蔚；意在霄汉，

---

① 何青，男，1951年出生，重庆市人，毕业于四川师范大学中文系，中国致公党员，攀枝花学院教授。曾经担任中国高等教育学会秘书专业委员会理事、四川省秘书学会常务理事兼学术委员会副主任，是《攀枝花学院学报》主编，致公党攀枝花市委副主委，攀枝花学院中国语言文学学科带头人。

揽金顶之辉煌。同胞共济，与时俱彰。岳高鸟渡则不弃，路遥夜行而难央。

数年创业，十载拓荒。国家战略，稀世矿藏。潜心陋室则冷月残照，放舟科翰而孤帆远航。煤基还原，钛理走向，纳米催化，钒电新光。殚精竭虑，辟蹊径于绝道；毕智穷心，开茅塞于滞浆。除云祛雾，清风艳阳。天呈秀色，水出春江。堂前声誉传诵，海外同侪留芳。写天地传奇之创典，谱神州钒钛之华章。

大江东去，巴蜀潮涌玉垒雪；峨眉西骄，峰峦霞映金沙浪。登云崖而骋怀，重科教以兴邦。阳光花蕊，东风轻飏。百城纷秀，据奇葩而异香；千亿宏愿，共壮丽之祯祥。

参考文献

孙朝晖, 2012. 钒新技术及钒产业发展前景分析 [J]. 钢铁钒钛 (1): 11-17.

段炼, 田庆华, 郭学益, 2006. 我国钒资源的生产及应用研究进展 [J]. 湖南有色金属 (6): 22-25.

唐光荣, 刘靖, 欧德宇, 2012. 中国钒产业发展影响因素及趋势预测分析 [J]. 攀枝花学院学报 (5): 98-104.

王术军, 2012. 攀钢集团钒产业战略制定及实施 [D]. 成都: 电子科技大学.

李书静, 李可, 詹秀环, 2013. 在高等师范院校开展化学史教育的实践和思考 [J]. 周口师范学院学报 (2): 68-70, 113.

刘淑清, 2014. 近年全球钒制品生产现状及发展趋势 [J]. 钢铁钒钛 (3): 55-62.

彭安, 1991. 《生命科学中的微量元素》 [M]. 北京: 中国计量出版社.

陈迪, 张强, 等, 2009. 我国钒产业概况及其环境问题 [J]. 冶金丛刊 (5): 39-42.

陈东辉, 李九江, 赵备备, 等, 2018. 战略资源金属钒的绿色价值概述 [J]. 世界有色金属, 512 (20): 12-14.

张福良, 刘诗文, 胡永达, 等, 2015. 我国钛产业现状及未来发展建议 [J]. 现代矿业 (4): 1-4.

翟全富, 2011. 钛锗项链有保健疗效吗 [J]. 健康人生 (5): 9.

吴贤, 张健, 2007. 中国的钛资源分布及特点 [C] //全国钛白行业年会.

彭昂, 毛振东, 2012. 钛合金的研究进展与应用现状 [J]. 船电技术, 32 (10): 57-60.

既能刷墙也能涂脸, 更是高精尖: 盘点金属钛那些神奇的性质 [EB/OL]. https://finance. sina. com. cn/money/future/roll/2018-12-18/doc-ihqhqcir7798729.shtml.

庚晋, 周洁, 2004. 金属钛的性能、发展与应用 [J]. 南方金属 (1): 17-23, 37.

张建鑫, 2014. 钛及钛合金的应用 [J]. 黑龙江科技信息 (20): 112-112.

郝士明, 2017. 材料发展大事记 [J]. 材料与冶金学报 (4): 27-41.

提坦 [EB/OL]. https://www.beichengjiu.com/biology/191463.html.

宁正新, 2010. 体验化学神奇 [M]. 北京：中央编译出版社.

白木, 周洁, 2003. 金属钛的性能、发展与应用 [J]. 矿业快报 (5)：4-10.

于仁红, 蒋明学, 2005. TiN 的性质、用途及其粉末制备技术 [J]. 耐火材料, 39 (5)：386-389.

周成, 2011. 钛合金的工艺加工特性 [J]. 中国包装科技博览 (36)：470-470.

程旭, 2018. 钛合金零件加工浅谈 [J]. 工业与信息化 (32)：76-76.

文孝廉, 2008. 攀枝花地区钛资源利用现状、存在的问题及对策 [J]. 金属矿山 (8)：5-8.

刘明培, 2009. 浅析攀枝花钒钛磁铁矿钒的分布规律 [J]. 矿业工程 (5)：13-15.

王国桥, 2011. 攀枝花市钛产业发展战略研究 [D]. 成都：电子科技大学.

刘继顺, 2015. 攀枝花人没有忘记：常隆庆与攀枝花铁矿的发现 [J]. 资源导刊·地质旅游版 (6)：48-51.

盛章琪, 2013. 我心中的常隆庆教授：纪念常隆庆教授诞辰 100 周年 [J]. 贵州地质, 30 (2)：157-159.

洪时中, 徐吉廷, 2008. 历史将永远铭记他们：记在叠溪大地震考察、研究及救灾工作中作出贡献的几位前辈 [J]. 国际地震动态 (11)：154.

张晓刚, 2001. 毛泽东三线建设思想概述 [J]. 军事历史

（2）：30-34

鲁碧华，2006. 三线建设原因探析 ［J］. 集团经济研究（34）：
  242-243.

程秀龙，2013. 毛泽东与三线建设 ［J］. 党史文汇（12）：
  16-25.

李凤明，宋传富，2012. 邓小平与"三线"建设 ［J］. 军事
  历史（3）：10-12

张才良，2004. 贵州三线建设述论 ［J］. 党史研究与教学
  （4）：48-52.

洪承华，郭秀芝，1987. 中华人民共和国政治体制沿革大事
  记：1949-1978 ［M］. 北京：春秋出版社.

李彩华，2004. 三线建设研究 ［M］. 长春：东北师范大学出
  版社.

黄莉，2003. 全面建设小康社会与西部大开发 ［J］. 贵州大学
  学报：社会科学版（6）：40-42.

何郝炬，2003. 三线建设与西部大开发 ［M］. 北京：当代中
  国出版社.

孙东升，1998. 三线建设战略决策始末 ［J］. 党史天地（5）：
  28-31.

薄一波，1993. 若干重大决策与事件的回顾（下卷）［M］，
  北京：中共中央党校出版社.

中共中央文献研究室，1996. 建国以来毛泽东文稿 ［M］，北
  京：中央文献出版社.

逄先知, 金冲及, 2003. 毛泽东传 (1949—1976) [M], 北
京: 中央文献出版社.

中共中央文献研究室, 1997. 周恩来年谱 (中卷) [M], 北
京: 中央文献出版社.

中共中央文献研究室, 1998. 建国以来重要文献选编 (20)
[M], 北京: 中央文献出版社.

陈东林, 2003. 三线建设: 备战时期的西部开发 [M], 北
京: 中共中央党校出版社.

刘少奇, 1996. 继续控制基本建设, 着手搞西南三线 [J].
党的文献 (3): 19-20.

孙东升, 1995. 我国经济建设战略布局的大转变: 三线建设
决策形成述略 [J]. 党的文献 (3): 42-48.

1100 公里成昆铁路牺牲 2100 名铁道兵 [EB/OL]. http://
history.thecover.cn/old/epaper/hxdsb/html/ 2012-07/04/con-
tent_468264.htm.

刘洋, 张蓁, 2012. 备战压力下的科研机构布局: 以中国科学
院对三线建设的早期应对为例 [J]. 中国科技史杂志, 33
(4): 433-447.

刘国钦, 彭健伯, 2004. 创新人才的培养 [M]. 成都: 四川
人民出版社.

杨官富, 中共攀枝花市委党史研究室, 1997. 从神秘走向辉
煌 攀枝花开发建设史话 [M]. 北京: 红旗出版社.

攀枝花赋 [EB/OL]. http://www.gmw.cn/01gmrb/2009-09/
01/content_973014.htm.